影视后期特效合成

主　编　张　路　陈启祥　邢　恺
副主编　熊　伟　江铁成　刘　洁

合肥工业大学出版社

图书在版编目（CIP）数据

影视后期特效合成 / 张路，陈启祥，邢恺主编 . — 合肥 ：合肥工业大学出版社，2018.4（2023.1 重印）

ISBN 978-7-5650-3474-9

Ⅰ . ①影… Ⅱ . ①张… ②陈… ③邢… Ⅲ . ①图象处理软件—教材 Ⅳ . ① TP391.413

中国版本图书馆 CIP 数据核字（2017）第 175993 号

内容提要

全书共分为三部分。第1章至第7章为基础部分，主要讲解了软件的基础知识，包括：基本操作、图层关系、特效制作流程、常用工具及命令、动画及特效的添加、颜色校正等相关内容。第8章至第10章为影视基础特效部分，主要讲解了Affter Effects CC自带特效的基础应用及进阶应用，包括：抠像技术、运动跟踪技术、常用内置特效等相关内容。第11和第12章为高级特效部分，主要讲解了第三方滤镜插件的基础应用和商业案例解析，包括：常用粒子特效、流体特效、3D描边特效以及商业广告实际案例制作。通过本书内容的学习，学生可提高对软件的综合运用能力，对于快速学习掌握影视后期合成的实战技巧是大有裨益的。

影视后期特效合成

主　　编：张　路　陈启祥　邢　恺
责任编辑：袁　媛
书　　名：影视后期特效合成
出　　版：合肥工业大学出版社
地　　址：合肥市屯溪路 193 号
邮　　编：230009
网　　址：www.hfutpress.com.cn
发　　行：全国新华书店
印　　刷：安徽联众印刷有限公司
开　　本：889mm×1194mm　1/16
印　　张：13.25
字　　数：360 千字
版　　次：2018 年 4 月第 1 版
印　　次：2023 年 1 月第 3 次印刷
ISBN：ISBN 978-7-5650-3474-9
定　　价：59.80 元
基础与职业教育出版中心电话：0551-62903120
营销与储运管理中心电话：0551-62903198

前　言

　　Affter Effects CC是Adobe公司推出的一款专业视频特效合成软件，通过After Effects CC我们可以制作出生动丰富的视觉特效，因此该软件被广泛应用于动画和影视后期的制作当中。同时蓬勃兴起的数字媒体也为Affter Effects软件提供了广阔的应用空间，该软件可广泛适用于影视广告、电视栏目包装、动画后期合成、建筑装潢、产品设计、视觉特效等诸多领域，因此掌握After Effects 软件的应用技巧是从事影视后期制作人员不可缺少的技能之一。

　　根据应用型院校教学和相关专业的实际需要，本书由浅入深、循序渐进地介绍了After Effects的基本知识和操作技巧，具有很强的针对性和实用性，期待能够起到"授人以渔"的作用。本书的主要特点：

　　1. 知识点全面详实。不仅对常用命令介绍全面细致，而且配有实例练习以帮助学员更好地理解掌握该软件的操作技巧及具体应用。

　　2. 语言平实、深入浅出、易于掌握。为广大应用型院校影视动画专业、数字媒体专业、影像媒体专业的学生量身定制。

　　3. 立足于实用。本书作者结合自己多年的软件教学和实践经验，通过对精选案例的讲解，突出实战以增强学生的实际运用能力。

　　4. 段落安排合理，重点突出。本书衔接紧密，层层递进、环环相扣，各章均附有学习要点和本章小结，特别方便学生归纳总结，牢记和掌握软件操作的核心内容；另外，本书还设计了若干小贴士和实例解析，以充分拓展学生的应用能力和操作技巧。

　　此外，为了方便学生的学习参考，本书配备了相应的工程文件，包括：所有章节实例的素材文件以及案例最终效果工程文件，但所有实例文件均需要用After Effects CC 2017版或更高版本才能打开，配套插件为试用版。

　　本书内容可供应用型院校教师、学生及相关专业人员应用参考。由于编写时间仓促，水平有限，难免有疏漏之处，恳请批评指正，以便及时修订。

　　本书主要由江汉大学文理学院张路老师、湖北工业大学陈启祥老师、山西传媒学院邢恺老师、江汉艺术职业学院熊伟老师、安徽广播影视职业技术学院江铁成老师、福州黎明职业技术学院刘洁老师共同编写。

　　最后，要特别感谢江汉大学文理学院吴聪教授对本书编写提供的宝贵建议；感谢刘瑞、鄢雨菲、向骏等同仁提供的动画素材以及一直以来支持我工作的家人。谢谢！

张　路

2017年12月于武汉

目录

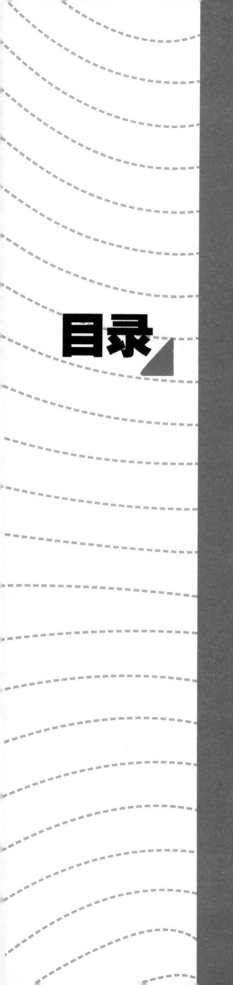

目录

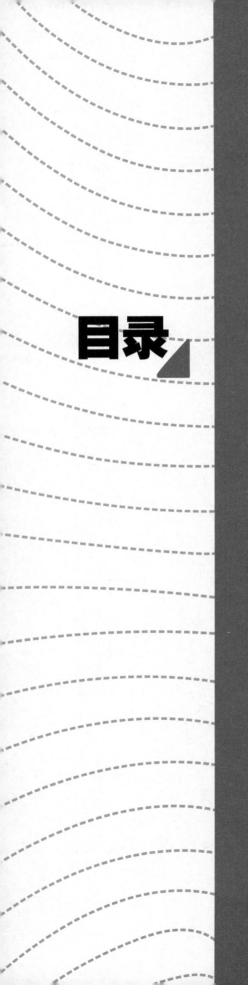

目录

第 1 章　进入特效合成的世界

本章学习要点：

　　1. 了解After Effects 应用领域。

　　2. 掌握常用面板、窗口的功能。

　　3. 了解基本合成概念。

1.1 影视后期特效合成的概念及应用领域

1.1.1 概念

Adobe After Effects 属于影视后期合成软件，能够高效且精确地创建无数种引人注目的动态图形和震撼人心的视觉效果。它能和其他Adobe系列软件无缝链接，拥有上百种预设效果和动画。为电影、视频、DVD、 Flash等作品增添耳目一新的效果。

1.1.2 应用领域

影视后期特效合成可广泛应用于影视传媒的各个领域，例如：

电视台——中央电视台摄制组、全国各市县级电视台摄像后期编辑部；

传媒公司——为电视台服务的各个传媒制作公司；

配音机构——各演出团体、配音公司、配音网及其他配音社团；

影视公司——各影视后期剪辑制作公司；

广告婚庆——各大影楼、广告公司、婚庆公司、企业宣传活动等服务；

多媒体制作——各多媒体软件开发企业、新媒体制作企业；

自主创业和独立影像制作——自由编剧、影评人、摄像师、导演开办影视制作、工作室，开展影视制作业务等。

1.2 After Effects 对运行环境的要求

1.2.1 对Windows系统要求

Windows:

*需要支持64位 Intel Core2 Duo或AMD Phenom II 的处理器；

*Microsoft Windows 7 以上系统（64 位）；

*4 GB 的 RAM（建议分配 8 GB）；

*3 GB 可用硬盘空间，安装过程中需要其他可用空间（不能安装在移动闪存等存储设备上）；

*用于磁盘缓存的其他磁盘空间（建议分配 10 GB），支持 OpenGL 2.0 的系统；

*QuickTime 功能需要的 QuickTime 7.6.6 软件；

*可选Adobe 认证的 GPU 卡，用于 GPU 加速的光线跟踪 3D 渲染器。

1.2.2 对Mac OS系统要求

Mac OS：

*支持 64 位多核 Intel 处理器；

*Mac OS X v10.6.8 或 v10.7；

*4 GB 的 RAM（建议分配 8 GB）；

*用于安装的 4 GB 可用硬盘空间，安装过程中需要其他可用空间；

*用于磁盘缓存的其他磁盘空间（建议分配 10 GB），支持 OpenGL 2.0 的系统；

*QuickTime 功能需要的 QuickTime 7.6.6 软件；

*可选Adobe 认证的 GPU 卡，用于 GPU 加速的光线跟踪 3D 渲染器。

1.3 认识After Effects CC 界面

1.3.1 After Effects CC运行界面

执行软件快捷方式，如图1-1所示。便可启动After Effects CC软件，初始启动软件显示的是标准工作界面，After Effects CC界面合理地分配了包括【主菜单】【工具栏】【项目】【合成】【效果预设】【时间线】等窗口，这六部分组成了运行界面，如图1-2所示。

图1-1

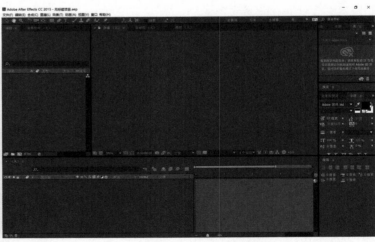

图1-2

小贴士：

工作界面显示项目和窗口大小，可以根据个人习惯和项目特点进行定制调整。例如：执行【主菜单】中的【窗口】，勾选或取消相应窗口，并且在软件界面中也可预置多种常用的界面模式,如图1-3所示。

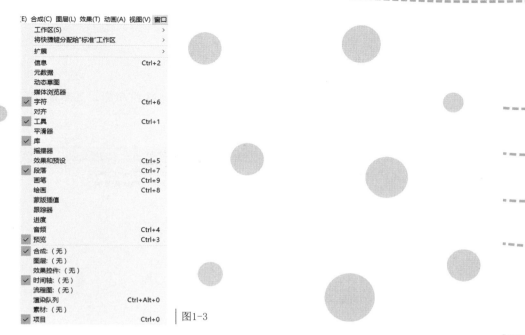

图1-3

1.3.2 主菜单窗口

After Effects CC主菜单上包括9个菜单，分别是【文件】【编辑】【合成】【图层】【效果】【动画】【视图】【窗口】【帮助】，如图1-4所示。

Ae Adobe After Effects CC 2015 - 无标题项目.aep

文件(F) 编辑(E) 合成(C) 图层(L) 效果(T) 动画(A) 视图(V) 窗口 帮助(H)

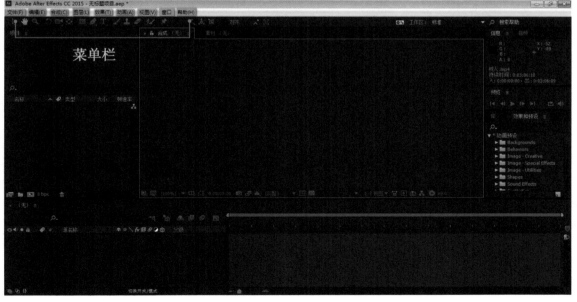

图1-4

小贴士：

主菜单窗口在实际项目使用中利用率不是很高，主要功能常用快捷键操作。因此需要提高工作效率，要留意常用功能快捷键。

1.4 菜单界面

1.4.1 【文件】菜单

文件菜单中的命令主要是针对导入文件及素材等基本操作命令，如新建项目、导入、导出等，如图1-5所示。

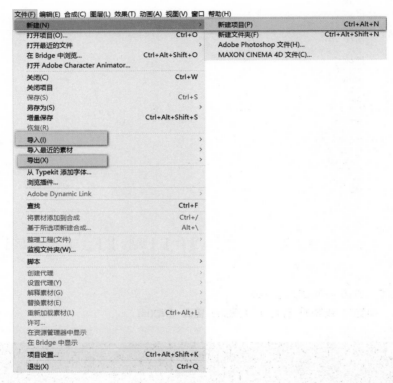

图1-5

常用命令详解：

【新建】创建新的合成项目。

【打开项目】打开一个已有的合成项目。

【另存为】将当前项目储存为其他格式或变更储存位置。

【导入】导入After Effects CC支持的常用素材文件，支持Premiere软件素材的导入。

【输出】输出各种格式文件，支持输出文件到Premiere软件。

【整理工程文件】对合成项目中的素材重新整理集合到同一文件夹内，方便素材的管理，查找缺失素材。

1.4.2 【编辑】菜单

编辑菜单中的命令主要包含软件常用的编辑命令，如撤销、复制、粘贴等，如图1-6所示。

图1-6

常用命令详解：

【撤消】取消上一步操作，可以通过【常规】命令设置撤消的次数。

【重做】回复【撤消】命令的操作。

【历史记录】显示所有对当前项目执行过的操作记录。

【剪切】将命令对象存入剪贴板，在指定区域粘贴使用。执行【剪切】操作后会删除原对象。

【复制】在不删除原有对象的同时复制出一个对象。

【粘贴】将【剪切】或【复制】的对象粘贴到指定区域，此命令重复操作。

【清除】清除所选择对象。

【首选项】设置After Effects CC软件的基本参数。

1.4.3 【合成】菜单

合成菜单的命令主要包含与合成相关参数设置命令及对项目进行合成的基本操作命令，如图1-7所示。

常用命令详解：

【新建合成】创建一个新的合成。

【合成设置】设置合成项目的详细参数。

【预渲染】对多个合成序列进行渲染。

【合成流程图】执行该命令，显示当前合成项目层级关系流程图。

图1-7

1.4.4 【图层】菜单

图层菜单中主要包含与图层操作相关的大部分命令，如图1-8所示。

常用命令详解：

【新建】在当前项目中新建一个图层。子命令菜单中可以创建不同属性的图层，如固态层、调节层、文字层、灯光、摄像机等。

图1-8

图1-9

【打开图层】对选定图层的出点、入点进行设置。可在图层预览窗口进行查看。

【蒙版/遮罩】在项目下创建一个新的蒙版/遮罩。

【蒙版/遮罩和形状路径】设置蒙版路径的形状，控制路径的闭合及起始点。

【3D图层】将选取图层转化为3D图层模式。

【添加标记】在图层选定时间节点添加一个标记，双击可编辑文字内容。在大型合作项目中，添加标记可提高沟通效率。

【跟踪遮罩】在层与层之间添加蒙版效果。

1.4.5【效果】菜单

效果菜单中包含制作时常见的一些特效命令，如图1-9所示。

常用命令详解：

【新建】在当前项目中新建一个图层。子命令菜单中可以创建不同属性的图层，如固态层、调节层、文字层、灯光、摄像机等。

【打开图层】对选定图层的出点、入点进行设置。可在图层预览窗口进行查看。

【蒙版/遮罩】在项目下创建一个新的蒙版/遮罩。

【蒙版/遮罩和形状路径】设置蒙版路径的形状，控制路径的闭合及起始点。

【3D图层】将选取图层转化为3D图层模式。

【添加标记】在图层选定时间节点添加一个标记，双击可编辑文字内容。在大型合作项目中，添加标记可提高沟通效率。

【跟踪遮罩】在层与层之间添加蒙版效果。

1.4.6【动画】菜单

动画菜单中的命令主要用于动画预设，设置动画关键帧以及关键帧的属性，如图1-10所示。

常用命令详解：

【保存动画预设】保存当前所选择的动画关键帧，用于以后制作使用。

【最近动画预设】显示近期使用过的动画预设，可以直接使用这些动画预设，进行视频制作。

【浏览预设】使用操作面板右上方操作框，如图1-10所示，打开默认的动画预设文件夹来浏览预设动画效果。

图1-10

【设置关键帧】为当前使用的图层动画属性添加/设置一个关键帧。

1.4.7【视图】菜单

视图菜单的命令主要用于设置视图显示方式，如图1-11所示。

常用命令详解：

【新建查看器】合成当前项目的预览窗口为之创建一个新视图。

【放大】放大当前视图。

【缩小】缩小当前视图。

【分辨率】设置当前分辨率。

【模拟输出】将使用颜色显示管理的合成进行输出。

【视图选项】设置在当前视图中显示所需元素。

【显示图层控制】在图层中显示自己设置的效果，如"遮罩边缘动画"。

【转到时间】使时间滑块移动到指定位置。

1.4.8【窗口】菜单

窗口菜单的命令用于打开/关闭，修改面板或者浮动窗口，如图1-12所示。

常用命令详解：

【工作区】选择设置的工作区间界面，并且同时可以新建和删除设置好的工作界面或者重新设置工作界面，如图1-12所示。

【将快捷键分配给"标准"工作区】为"标准"工作区设置或修改快捷键，这样可以快速切换自己所需或常用的工作界面。

【对齐】执行此命令，打开（对齐）面板，通过此命令对多个图层进行对齐或者品均分布操作。

【音频】通过此命令打开音频面板。

【画笔】通过此命令打开画笔面板，设置画笔大小、颜色和不透明度等信息。

图1-11

图1-12

1.5窗口界面和面板界面

1.5.1【项目】窗口

项目窗口主要作用是管理素材与合成（如归纳、删除），如图1-13所示。在项目窗口中可以查看每个合成，如素材的尺寸、持续时间、帧速率等信息。

常用命令详解:

A区域:本区域是项目窗口的面板菜单,如图1-14所示。

【面板组设置】执行此命令,设置是否将素材类型、素材大小等信息显示在显示栏中。

【项目设置】执行此命令,设置项目的时间码显示模式、声音和颜色等属性。

【缩览图透明网格】执行此命令,设置将素材背景在缩略图中以透明栅格的方式显示出来,只要运用带有Alpha通道的素材。

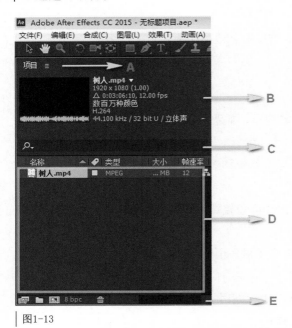

图1-13

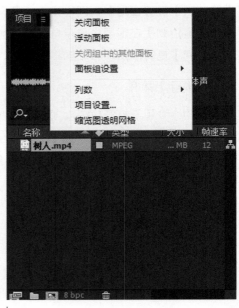

图1-14

小贴士:在素材添加时须谨记素材归纳是非常重要的,因为如果一个项目的素材,合成或者嵌套合成项目过多,特别容易发生混淆。

B区域:本区域显示素材信息,选择素材后,其素材信息会显示在此区域中。例如:名称、分辨率、时长、声音等。

C区域:本区域是素材搜索工具,通过搜索文件名而得到素材,并且在此区域显示。

常用命令详解:

D区域:本区域是项目窗口的主要部分,此区域显示所有导入的素材,合成、固态层、摄影机都会显示在本区域中,包括图标、名称、格式等。

E区域:本区域是项目窗口的一些工具按钮。

【 解释素材工具】运用此工具,解释选择的素材。

【 新建文件夹工具】运用此工具在项目窗口中新建一个文件夹,便于归纳、管理各类素材。

【 新建合成工具】运用此工具,快速创建一个新合成。

【 8 bpc 项目颜色深度调节工具】运用此工具可以设置项目的颜色深度,执行文件→(项目设置)菜单命令也可以达到相同效果。

小贴士：

按住Alt键的同时单击"项目颜色调节工具"按钮，可以调整项目的颜色深度。

1.5.2【时间线】窗口

时间线窗口是进行后期特效处理和动画制作的主要窗口，素材以图层形式在窗口中进行排列，堆积在上面图层的透明区域会显示出下面图层的内容，如图1-15所示。在时间线窗口中还可以做各种关键帧动画，设置每个图层的出入点、图层之间的制作蒙版以及叠加模式等。

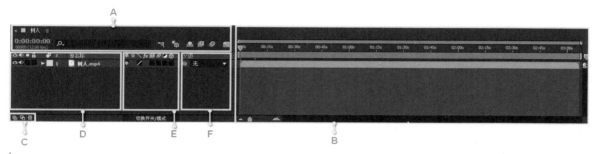

图1-15

常用命令详解：

A区域：本区域是时间线窗口的工作栏，包括当前时间显示工具、查询工具以及图层控制开关工具。

【 显示时间 】是指示滑块所在的当前时间，单击它设置指定时间点。

【 搜索工具 】运用该工具可以快速定位图层、图层属性或滤镜属性。

【 合成微型流程图 】运用该工具开关合成微型流程图。

【 草图3D 】运用此功能可关闭阴影灯光效果。

【 消隐 】隐藏为其设置了"消隐"开关的所在图层。运用此功能，可以暂时隐藏设置了隐藏状态的图层，但是并不会影响合成的预览和渲染效果。

【 帧混合 】为设置了"帧混合"开关的所有图层启用。运用此功能，可以让应用了帧混合的图层产生特殊效果。

【 图表编辑器 】运用这个开关对时间线窗口中的图层关键帧编辑环境和动画曲线编辑器进行切换。

B区域：时间线图层的编辑区域。在这个区域可以设置图层的出入点，也可以设置图层属性和滤镜属性，如图1-16所示。

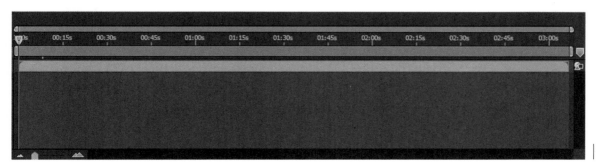

图1-16

小贴士:

如果要到达0:00:05:00的时间位置，可以输入500或5；如果要到达0:05:00:00的时间点，可以输入5000。

常用命令详解:

【时间标尺】以平均刻度的方式展示动画的进行时间，可以通过这个刻度尺来设置图层的出入点以及合成的长度。

C区域：此区域为快速切换面板的开关。

【 展开或折叠"图层开关"】快速打开或关闭图层属性面板。

【 展开或折叠"转换控制"】快速打开或关闭图层模式面板。

【 {} 展开或折叠"入点""出点""持续时间""伸缩窗格"】快速打开或关闭素材时间控制面板。

D区域：此区域为图层特征开关和图层源名称面板。

【 视频开关】决定当前层在整个合成中是否可视。

【 音频开关】决定是否启用当前层的音频。

【 标签】在这个栏里可以为不同的图层设置不同的标签颜色，方便快速找到归类的图层。

E区域：此区域为图层属性的面板开关。

【 消隐开关】运用此开关可以隐藏某些图层，但是隐藏的图层仍会在合成中产生作用。

【 运动模糊开关】启动运动模糊，模拟真实运动效果。

F区域：此区域是图层模式面板，运用此面板可改变图层混合模式、蒙版和父子关系。

小贴士：时间线窗口的图层编辑区域都有时间标尺和当前时间指示滑块。

1.5.3【合成】窗口

合成窗口是使用本软件创作作品时的眼睛，因为在制作作品时，最终效果在合成窗口中进行预览，如图1-17所示。在合成窗口中还可以设置画面的显示质量，同时合成效果还可以分通道来显示各种标尺、栅格和辅助线。

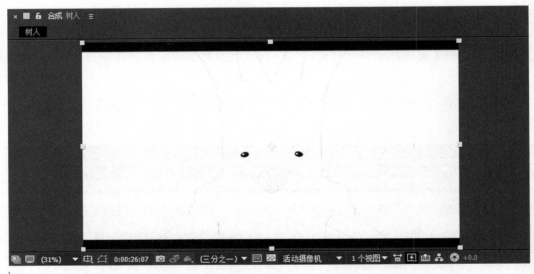

图1-17

小贴士：

灵活掌握合成窗口非常重要。例如在预合成效果时设置合适的画面尺寸和画面质量，可以利用有限的内存尽可能多地预合成内容。

常用命令详解：

【 (31%) ▼ 放大和缩小预览图】设置显示区域的缩放比例。如果使用合适大小，无论怎么调整窗口大小，窗口内的视图都会自动适配画面大小。

【 ▣ 选择网格和参考线】设置是否在合成预览窗口中显示安全框和标尺等。如图1-18所示，灰色线显示的是图像（标题/安全框）；绿色线显示的是视频的栅格；整个预览窗口边缘显示的是标尺。

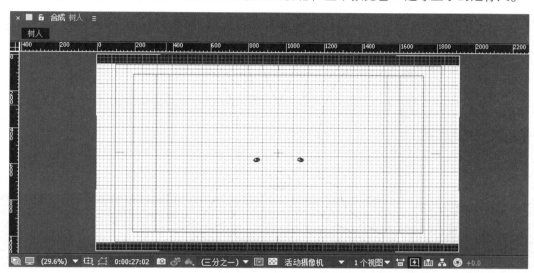

图1-18

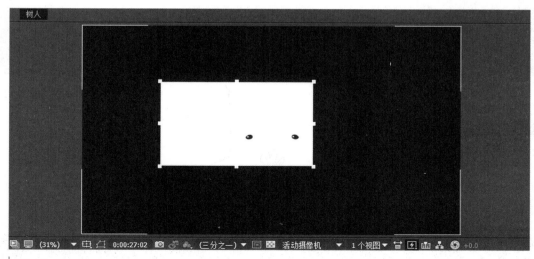

图1-19

【 📷 拍摄快照】单击此按钮可以拍摄当前画面，并且可以将拍摄好的画面转存到内存卡中；单击显示快照 📷 ，可以显示最后拍摄的快照。

常用命令详解：

【 **(三分之一)▼** **▣** **▨** 分辨率】设置预览分辨率。

【 **▣** 目标区域】只渲染选定的某部分区域，区域渲染在预览复杂动画时可以减少渲染时间和预览空间，如图1-19所示。

【 **4个视图▼** 切换多视频模式】切换多视图显示的组合方式，如图1-20所示。

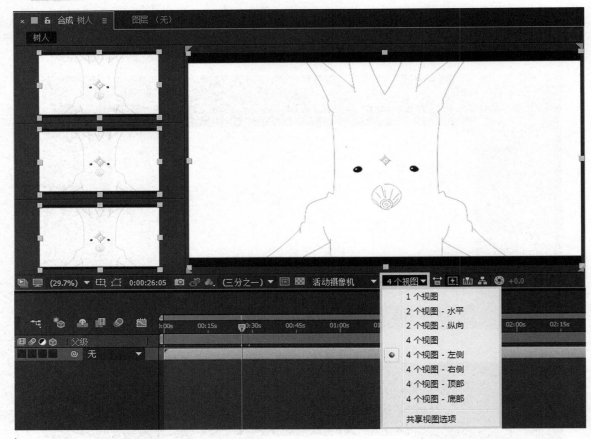

图1-20

【 **▨ ▦ ▲ ⊕ +0.0** 快速预览】设置多种不同的渲染引擎。

1.5.4【工具】面板

任何情况下制定任何模式的工作区域、工具面板、合成窗口、时间线窗口都会被保留下来，如图1-21所示（工具面板的相关知识在后面内容中有详细讲解）。

图1-21

1.5.5【渲染队列】窗口

制作完合成后进行渲染输出时，就需要使用渲染队列窗口，所有的输出设置都在渲染队列窗口中进行，如图1-22所示。

图1-22

本章小结：

本章主要讲解了After Effects 软件的应用领域、 软件操作界面以及各面板、菜单的基本功能。通过本章的学习，学生主要应了解掌握面板、菜单的基本功能。这是深入学习After Effects软件的基础，也是进入特效合成世界的第一步。

第2章　后期合成的制作流程

本章学习要点：

1. 了解后期合成的制作流程。
2. 掌握合成设置、导入素材的技巧。
3. 掌握为合成添加特效的方法。
4. 理解嵌套的概念。
5. 掌握关键帧动画的设置技巧。

2.1 After Effects的基本工作流程

我们在制作一个后期特效时，无论是为视频添加字幕特效、调整色彩、抠像，还是制作较为复杂的图层动画添加粒子特性，都需要遵循后期合成的基本制作流程，如图2-1所示。

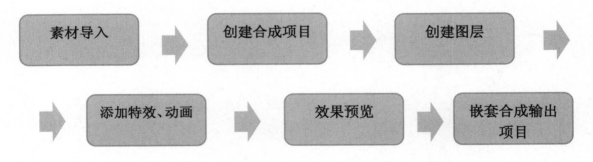

图2-1

了解后期软件的工作流程是制作后期合成项目的基础，特别是在制作大型的后期合作项目。梳理制作流程、合理安排项目内容及分工是顺利如期完成项目的关键。

创建一个新的合成项目，首先就是导入项目素材。After Effects作为后期制作软件，素材是后期制作软件的基础。需要在前期准备大量的项目素材，在制作合成项目的工程中需要多种软件协助完成，常用的如Photoshop、Illustrator、Premiere、三维软件等。

2.2　认识素材

After Effects软件支持的素材格式极为丰富，对常见的视频文件格式、静态图片格式、序列格式、音频格式都提供很稳定的支持，并且对Adobe公司出品的其他相关软件的项目文件有很好的兼容性，如PSD格式、AI格式等（以下数据来源于Adobe公司公布的数据）。

支持导入静态图片格式如下：

Adobe Illustrator（AI、AI4、AI5、EPS、PS；连续格式化）

Adobe Photoshop (PSD)

位图（BMP、RLE、DIB）

Camera Raw（TIF、CRW、NEF、RAF、ORF、MRW、DCR、MOS、RAW、PEF、SRF、DNG、X3F、CR2、ERF）

EPS

GIF

JPEG（JPG、JPE）

Maya 摄像机数据 (MA)

Maya IFF（IFF、TDI；16bpc）

可移植网络图形（PNG；16 bpc）

Radiance（HDR、RGBE、XYZE；32 bpc）

SGI（SGI、BW、RGB；16 bpc）

Softimage (PIC)

以上格式中一般项目较为常用的素材格式如：JPEG、PSD、AI、TIF等静态图片格式。在合成项目过程中，还经常需要用到图像序列文件，如TGA序列、PNG序列文件等。

支持导入视频、动画格式：

动画 GIF (GIF)

HEVC (H.265) MPEG-4

FLV、F4V

QuickTime（MOV；16bpc，只针对没有任何本机解码器的编码器）

Video for Windows（AVI、WAV；在 Mac OS 上需要 QuickTime）

Windows 媒体文件（WMV、WMA、ASF；仅限 Windows）

MPEG-1、MPEG-2 和 MPEG-4 格式：MPEG、MPE、MPG、M2V、MPA、MP2、M2A、MPV、M2P、M2T、M2TS (AVCHD)、AC3、MP4、M4V、M4A

SWF（连续栅格化）

在支持导入的视频格式中，AVI、MPEG、WMA等格式是我们在制作后期较为常用的视频格式。其中MOV格式的支持需要计算机安装相应编码器。

支持导入的项目格式：

Adobe Premiere Pro 1.0、1.5、2.0、CS3、CS4、CS5、CS6 和 CC（PRPROJ；仅限 1.0、1.5 和 2.0 Windows）以及以后的项目。

Adobe After Effects CS4 和更高版本中的 XML 项目 (AEPX)。

After Effects对导入项目文件有软件版本的相关要求，高版本的软件支持打开低版本创建的项目文件，低版本软件不支持打开高版本项目文件，这一点需要注意。在项目合作中最好保持软件版本的统一，目前After Effects软件的最新版本为After Effects CC，行业中After Effects CS4版本的使用率也较高。

小贴士：

在导入视频素材时，经常会遇见支持的视频格式无法导入或者导入无法正确显示的情况。这种情况是由于视频压缩编码格式众多，电脑没有安装相应的解码器，或者视频编码不是标准格式。如果遇见这种情况可以下载相应解码器整合包，或者将无法支持的视频素材转化为通用标准格式。这类软件有很多，在此就不一一介绍了。

2.2.1 导入素材的方法

在项目窗口中导入素材，可以一次导入单个或者多个文件。将素材导入项目窗口的方法常用的有三种途径：

1.通过菜单窗口导入素材

执行【文件】>【导入】>【文件】，出现导入文件对话框。选择需要导入的单个或多个素材，单击【导入】按钮将素材导入到项目窗口，如图2-2所示。

2.通过项目窗口导入

在项目窗口空白处双击鼠标左键，弹出导入文件对话框，选择需要导入的单个或多个素材。

3.通过快捷键导入

在软件界面按【Ctrl+I】快捷键，弹出导入文件对话框。

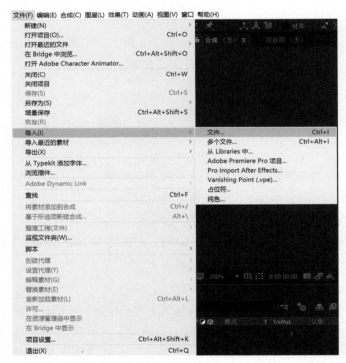

图2-2

2.2.2 含有Alpha通道的素材导入

在制作合成项目过程中，经常用到带有Alpha通道（透明图层）信息的图像素材。当选取此类素材导入时，会出现素材选项卡，如图2-3所示。

2.2.3 含有图层的素材导入

在导入含有图层的素材时，After Effects可以保留图层信息以方便对素材进行编辑，如PSD、AI等文件。

在导入此类文件时，我们可以选择两种不同的方式导入素材：一种是【素材】方式；另一种是【合成】方式，如图2-4所示。

1. 当选素材方式导入时，可以选择是以合并图层成为单一文件的方式导入还是选择图层素材中某个特定的图层进行导入，如图2-5所示。

2. 当以合成方式导入素材时，After Effects会将素材作为一个合成文件进行导入，保留原素材中的图层信息，并且可以在原图层的基础上进行编辑，添加特效、动画等，如图2-6所示。

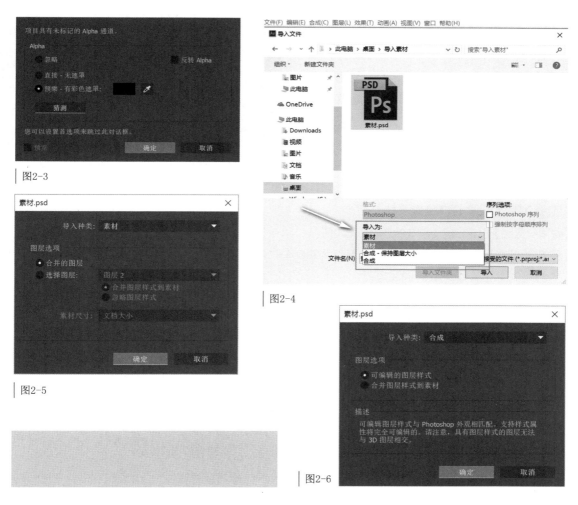

图2-3

图2-5

图2-4

图2-6

小贴士：

【替换素材】如果在制作过程中，发现原始素材不满意，我们可以将原有素材进行替换，执行方式为：在要替换的素材上单击鼠标右键，选择【替换素材】即可。另外如果原有素材丢失也可用此方法重新找回素材。替换素材后，除原有素材被替换外，其他特效、属性、时间线等都保留下来。

2.3 创建合成项目

一个工程项目可以创建若干个合成，单独的合成可以作为素材多次在其他合成中使用。合成可以看作是一个工程项目中的一个元素，配合其他合成共同完成一个合成项目。

2.3.1 创建合成的方法

1. 执行菜单栏【合成】>【新建合成】命令。

2. 在项目窗口空白处单击鼠标反手键 >【新建合成】。

3. 在项目窗口点击合成图标。

4. 快捷键【Ctrl+N】创建新的合成。

2.3.2 合成设置

执行【新建合成】命令后，弹出合成设置窗口。该窗口对新建合成的相关参数进行设置，如图2-7所示。

图2-7

常用参数详解：

【合成名字】创建合成的名称。

【预设】选择合成影片尺寸、制式等类型。

【宽度/高度】设置合成像素尺寸。

【像素长宽比】设置合成中单个像素的高宽比例。

【开始时间码】设置合成开始的时间，默认为从0帧开始。

【持续时间】该合成总共时间长度。

【背景色】设置合成初始背景颜色。

小贴士：

在创建合成时，要养成命名的好习惯以方便对合成项目进行管理，在制作复杂的合成项目时，合理清晰的命名可以帮助我们提高效率。我国电视视频信号制式为PAL，高清信号分辨率为720px × 576px。

2.4 为合成添加特效

为合成添加特效是After Effects软件的核心功能，软件自带常用特性滤镜达100多种，可以制作常用的视觉特效。自带特效集中在菜单栏【效果】菜单中，如图2-8所示。

图2-8

2.4.1 添加特效的几种常用途径

1. 在时间线窗口选定要添加特效的图层，点选菜单栏【效果】，弹出效果窗口选择相应的特效，完成特效的添加，如图2-9所示。

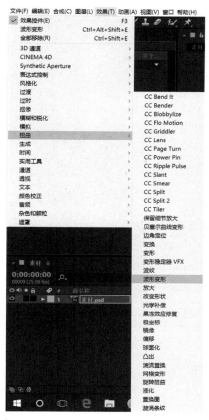

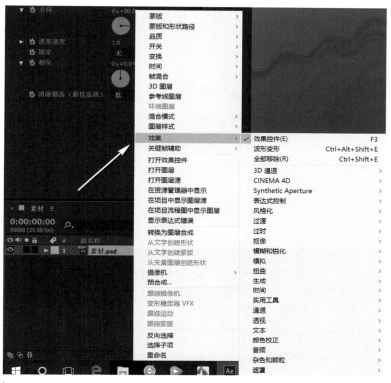

图2-9　　　　　　　　　　　　　　　　　　图2-10

　　2. 在时间线窗口选定要添加特效的图层，单击鼠标右键，在弹出的菜单中选择【效果】，弹出效果菜单子命令，完成特效的添加，如图2-10所示。

　　3. 从【效果和预设】窗口为图层添加特效，在【效果和预设】窗口选定特效，用鼠标拖拽特效到时间线窗口相应图层，完成特效的添加，如图2-11所示。

图2-11

2.4.2 特效滤镜基础操作

1. 复制特效滤镜

在制作合成时，有些情况需要对不同图层添加相同的特效；或者在同一图层叠加同一特效。在这种情况下，可以通过复制与粘贴滤镜来实现。

在同一图层复制特效，在【效果控制】窗口选定特效 > 按快捷键【Ctrl+D】即可完成复制操作，如图2-12所示。

在不同图层间进行复制特效操作，在【效果控制】窗口选定特效 > 按快捷键【Ctrl+C】复制特效 > 在【时间线】窗口选定目标图层 > 按快捷键【Ctrl+V】粘贴特效，如图2-13所示。

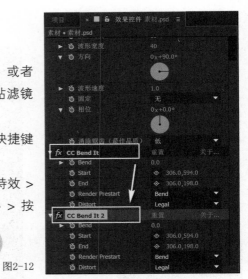

图2-12

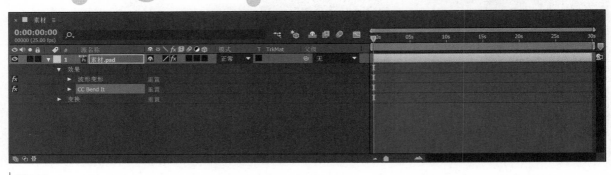

图2-13

2. 删除滤镜

在【效果控制】窗口或【时间线】窗口选中特效，然后按【Del】键删除特效。

小贴士：

在执行特效复制与粘贴操作后，特效参数也会被复制；另外在点击【效果控制】或者【时间线】窗口中点击 fx 图标，可以开启/关闭当前特效的效果。

2.4.3 合成效果预览

当完成对图层的特效添加操作后，可以通过预览观察制作的效果是否符合要求。预览操作通过【预览】窗口来进行操作，如图2-14所示。

图2-14

小贴士：

　　时间线窗口中时间线下的绿色条表示为RAM预览部分，如图2-15所示，RAM预览的时间长短与合成的复杂程度和电脑内存大小有关，可以在【编辑】>【首选项】>【预览】/【内存】中设置。

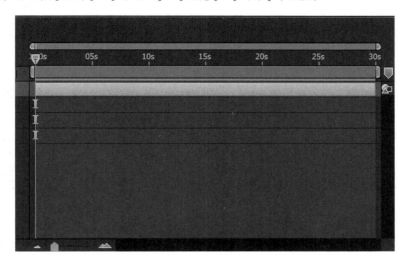

图2-15

2.5　渲染输出合成

　　当完成合成项目的渲染后，将进入合成渲染及输出流程。由于创建合成的分辨率、复杂程度、输出质量等因素影响，软件渲染输出的时间不等，可能是几分钟也可能是几个小时。所以，在创建合成项目时就要考虑好合成项目的应用领域及用途，不要一味只创建高分辨率的合成项目，增加输出渲染时间。另外，出于稳定性和渲染输出时间的考虑，在创建合成时可以以分镜的形式分段创建渲染输出，以降低在渲染过程中出现软件崩溃等情况。

2.5.1　渲染合成项目

　　在项目窗口选择合成，通过执行【合成】>【预渲染】命令；或者通过执行【合成】>【添加到渲染队列】命令，弹出渲染队列窗口。渲染操作可一次添加一个或者多个合成到渲染队列，如图2-16所示。

小贴士：

渲染合成快捷键为【Ctrl+M】。

文件(F) 编辑(E) 合成(C) 图层(L) 效果(T) 动画(A) 视图(V) 窗口 帮	
新建合成(C)...	Ctrl+N
合成设置(T)...	Ctrl+K
设置海报时间(E)	
将合成裁剪到工作区(W)	Ctrl+Shift+X
裁剪合成到目标区域(I)	
添加到 Adobe Media Encoder 队列...	Ctrl+Alt+M
添加到渲染队列(A)	Ctrl+M
添加输出模块(D)	
预览(P)	>
帧另存为(S)	>
预渲染...	
保存当前预览(V)...	Ctrl+数字小键盘 0
合成流程图(F)	Ctrl+Shift+F11
合成微型流程图(N)	Tab

图2-16

2.5.2　渲染输出设置

　　完成合成项目添加到渲染队列后，在【渲染队列】窗口对渲染及输出进行相关参数设置，如图2-17所示。

　　1.直接点击【渲染设置】后设置类型，弹出渲染设置对话框，如图2-18、图2-19所示。或点击【渲染设置】后面 ▼ 按钮，弹出对话框选择自定义命令。

图2-17

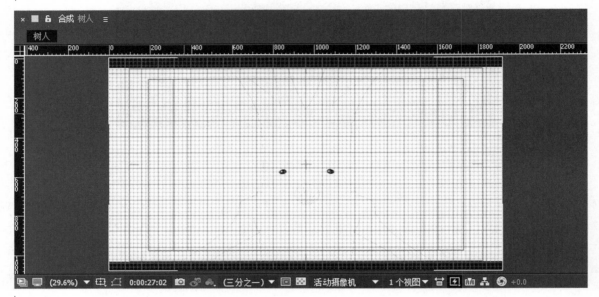

图2-18

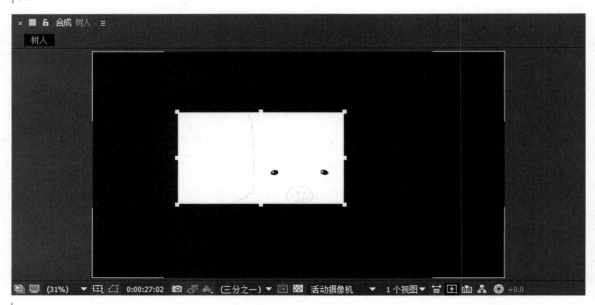

图2-19

常用参数详解：

【品质】设置渲染质量参数。分为最佳、草图、线框三个级别，一般情况选择最佳。

【分辨率】设置视频分辨率的大小。分辨率越小，渲染速度越快，方便对合成输出进行预览。

【场渲染】设置视频信号场次。应根据播放设备进行选择。

2.直接点击【输出模块】后设置类型，弹出渲染设置对话框，如图2-20所示。或点击【渲染设置】后面
▼ 按钮，弹出对话框选择自定义命令。

常用参数详解：

【格式】设置输出视频的格式，如AVI、MP4、FLV、
MOV、图形序列等，支持输出格式的种类取决于电脑中是否安
装了相应的视频解码器。这一点需要注意。

【格式选项】对设置的视频格式进行参数设置。不同视频格
式，选项中的参数不同。

【调整大小/裁切】如需要对视频进行分辨率调整或裁切视
频保持画面统一，设置相应参数。

【音频输出】对合成项目中包含的音频输出格式进行设置。

3.点击【输出到】选项后面合成名称，弹出输出对话窗口。
在该窗口选择输出到路径及文件名。

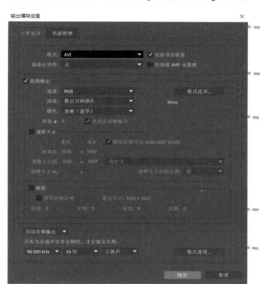

图2-20

2.5.3 嵌套合成渲染输出

嵌套是After Effects软件中一个新的概念。首先我们要知道什么是嵌套合成，所谓嵌套合成就是将一个
或者多个合成放入另一个新的合成中，或者通俗地讲就是一个合成中含有一个或者多个合成。其次是我们
为什么要这样操作，嵌套合成的作用是什么？

嵌套合成的作用：

其一是将多个合成片段拼接成一个完整连续的合成
进行渲染输出，好处是统一视频的大小，减少渲染操作
步骤。

其二是当我们将一个高分辨率的视频嵌套到一个低
分辨率的合成中进行渲染输出，比直接改变高分辨率视
频大小进行渲染输出得到的视频质量要高。

1. 嵌套多个合成的方法

在【项目窗口】选定将要嵌套的合成 > 鼠标拖拽到
【合成】 ▣ 按钮，如图2-21所示，弹出【基于所选
项新建合成】对话框。选择【单一合成】【序列图层】
选项，点击【确定】，如图2-22所示。

图2-21

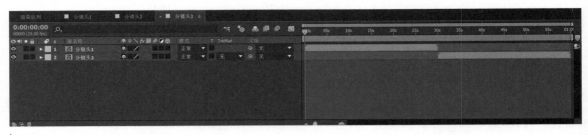

图2-22

常用参数详解：

【单个合成】将选定的多个合成嵌套在一个新合成中。

【多个合成】将选定的多个合成分别创建相应的合成。

【尺寸来自于】当选择多个合成视频尺寸不统一时，新合成基于哪个尺寸创建。

【序列图层】勾选此选项新合成中，图层顺序为头尾相接。

【重叠】设置新合成中转场的方式，不勾选此选项时，嵌套中的合成与合成之间没有过渡效果。

小贴士：

创建嵌套合成时，在项目窗口用鼠标加选合成的顺序为创建新合成中合成拼接的顺序。用鼠标加选合成时按住【Ctrl】键进行加选。

2. 利用嵌套压缩视频的方法

利用嵌套压缩视频进行渲染的视频质量要优于直接更改视频尺寸进行渲染的视频效果。利用嵌套压缩视频步骤如下：

Step1：在【项目窗口】创建一个新的合成，命名为嵌套压缩，设置合成尺寸为预压缩的视频尺寸。

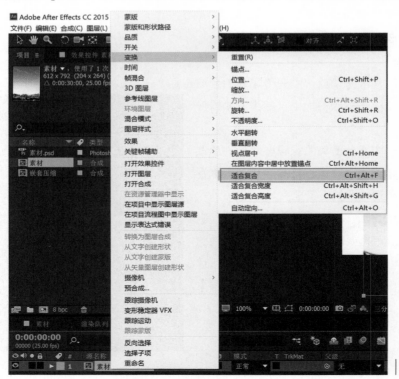

图2-23

Step2：将预压缩视频拖拽到新建合成【时间线】窗口，单击鼠标右键，选择【变换】>【适合复合】命令，如图2-23所示。

Step3：选中预压缩视频执行【图层】>【开关】>【折叠】命令，优化视频质量。

Step4：选择嵌套压缩合成，将其添加到渲染队列，进行渲染输出。

小贴士：

适合复合命令快捷键为【 Ctrl+Alt+F 】。

预渲染命令快捷键为【 Ctrl+M 】。

2.6 本章实例

通过本章内容的学习，我们了解了After Effects软件的工作流程及相关知识。本节将通过一个简单的视频实例制作，来了解After Effects软件的工作方式。

该实例制作相对简单，只需要根据步骤提示就可以制作出来。在实例制作过程中也会引出一些新的知识点，可以在小贴士中进行了解。具体相关知识点的学习，在后面的章节中会有相应的讲解。为了保证制作流程的连贯性，也可以先忽略小贴士中的内容，直接按步骤进行操作即可，待实例完成后，再进行详细的学习。

实例1

Step1：打开本章配套素材文件夹，将素材导入到项目窗口。

①导入天空序列帧素材，点选png序列，如图2-24所示。

②导入字幕.tga素材，点选猜测选项，如图2-25所示。

③导入logo素材。

图2-24

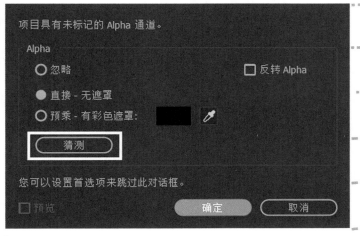

图2-25

Step2：点击合成按钮，创建新的合成，如图2-26所示。

Step3：将素材天空拖到时间线窗口，执行图层>变换>适合复合。在导入字母素材后，将字母图层置

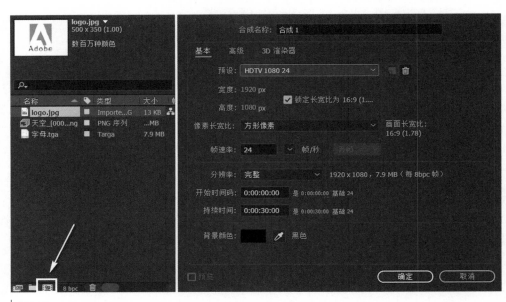

图2-26

图2-27

于天空图层上。调节字母素材在合成窗口中的位置。调节【字母】图层变换属性中旋转属性，如图2-27所示。

Step4：将logo素材拖拽到合成窗口，通过调节点调整logo素材大小及位置，如图2-28所示。

Step5：将【logo】图层叠加模式改为【变暗】，如图2-29所示。

Step6：选择工具栏文字工具 T ，创建文字图层。输入After Effects CC，调整字体大小及颜色，如图2-30所示。

Step7：为文字图层添加动画效果。选择文字图层，在【效果和预设面板】选择动画预设>Text>Blur>运输车，预览最终效果，如图2-31所示。

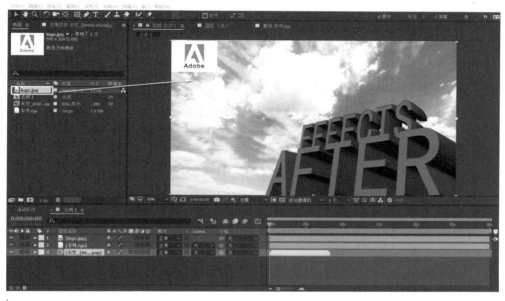

图2-28

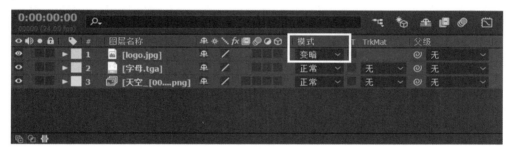

图2-29

图2-30

图2-31

图2-32

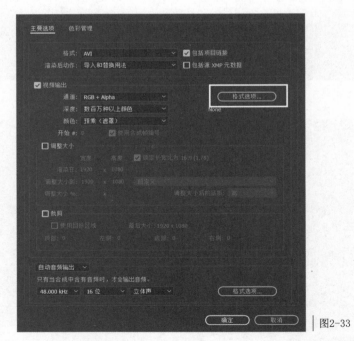

图2-33

Step8：输出合成，在菜单栏选择合成>预渲染。选择输出模块，弹出设置窗口设置渲染视频格式，设置完成后选择渲染，如图2-32、图2-33所示。

本章小结：

本章主要讲解了合成的基本流程和 After Effects 软件的工作方式。通过本章的学习，学生主要应了解掌握以下知识要点：

1. 合成的设置。作为制作后期的第一步，必须要了解合成的概念，创建正确用途的合成是制作后期的基础；同时要了解相应视频格式及视频尺寸，为后期制作减少许多不必要的麻烦。

2. 导入素材。After Effects 软件运行的基础主要是依靠素材，正确地导入素材，把握素材的用途至关重要。特别是合成也是可以导入的。

添加特效：为素材添加特殊效果是制作后期最为常用的操作，了解正确添加特效的方法，是创建特效的基础。

◆　嵌套：After Effects 软件中的特有概念，需要我们灵活掌握运用嵌套技巧。记住一个素材也可以创建合成进行嵌套。

◆　渲染输出：了解常用视频格式的压缩方法以及输出的设置。

第 3 章　图层与图层动画

本章学习要点：

　　1. 了解不同类型图层的创建方法及作用。

　　2. 掌握图层的属性操作。

　　3. 掌握关键帧动画设置方式。

　　图层是After Effects软件的基础概念。在制作特效、动画、创建合成等操作时都离不开图层，可以说图层是After Effects软件操作的基础。在After Effects软件中，图层有多种类型，可根据需求创建不同类型的图层。

3.1　认识图层

　　After Effects软件中常用图层类型有素材图层、文本图层、形状图层、调整图层、灯光图层等，如图3-1所示。本节将详细讲解关于图层的类型及操作。

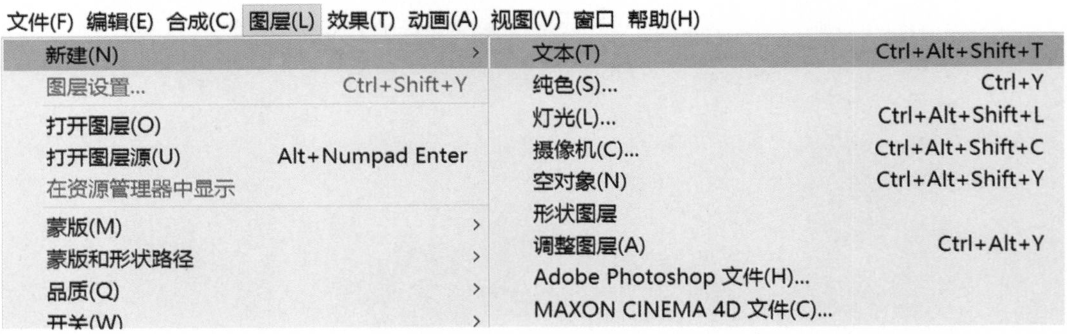

文件(F) 编辑(E) 合成(C) 图层(L) 效果(T) 动画(A) 视图(V) 窗口 帮助(H)		
新建(N)	>	文本(T)　Ctrl+Alt+Shift+T
图层设置...　Ctrl+Shift+Y		纯色(S)...　Ctrl+Y
打开图层(O)		灯光(L)...　Ctrl+Alt+Shift+L
打开图层源(U)　Alt+Numpad Enter		摄像机(C)...　Ctrl+Alt+Shift+C
在资源管理器中显示		空对象(N)　Ctrl+Alt+Shift+Y
蒙版(M)	>	形状图层
蒙版和形状路径	>	调整图层(A)　Ctrl+Alt+Y
品质(Q)	>	Adobe Photoshop 文件(H)...
开关(W)	>	MAXON CINEMA 4D 文件(C)...

图3-1

3.1.1　素材图层

　　素材图层是在制作合成项目中最为常用的图层类型，从外部导入添加到时间线窗口的素材形成的图层称为素材图层。对素材本身进行编辑大多在此类型图层中完成，如图3-2所示。

3.1.2　文本图层

　　在工具栏选取文字工具 T ，在合成窗口点击鼠标左键，输入文字即可创建文本图层。文本图层主要用于为合成添加字幕、对白等文字内容，如图3-3所示。

3.1.3　纯色图层

　　在菜单栏选择【图层】>【新建】>【纯色】命令，弹出设置对话框，如图3-4所示。对纯色图层名称、大小、颜色进行设置。纯色图层主要为合成添加背景、蒙蔽、暗角等效果。

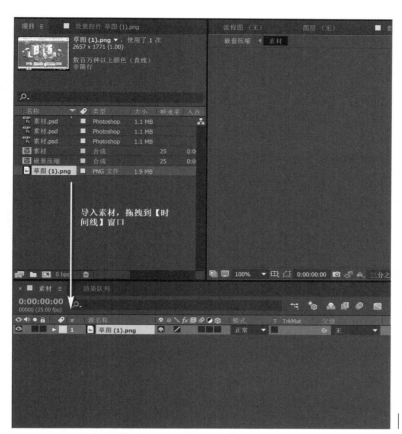

图3-2

图3-3

图3-4

3.1.4 灯光图层

在菜单栏选择【图层】>【新建】>【灯光】命令，弹出设置对话框，如图3-5所示。灯光图层可以为合成场景创建光源。灯光图层可以创建的光源类型有平行光、聚光、点、环境光。

参数详解：

【名称】设置灯光图层的名称，如使用默认【灯光1】名称，根据创建顺序后续灯光图层为【灯光2】【灯光3】。

【灯光类型】创建灯光类型。

【颜色】设置灯光颜色。同一场景多个光源、光照范围重叠处颜色会改变。

【强度】设置光照强度，数值越大，强度越强。

【锥形角度】聚光灯锥形照射范围。

【锥形羽化】控制聚光灯光照边缘的虚化程度。

【衰减】设置距离对光照强度的影响。

【关】距离对光照强度无影响。

【半径】设置衰减后，光照范围半径大小。

【投影】设置光源是否投射阴影。

【衰减距离】设置距离对光照的影响范围。

【阴影深度】设置投影的深浅程度。

【阴影扩散】设置投影边缘的虚化程度。

图3-5

1. 平行光

此灯光类型类似于太阳光，平均照射在场景物体上。可以设置投影，但投影边缘不可虚化，此光源有方向性，如图3-6所示。

2. 聚光

此灯光类型类似舞台灯光，光照形状成锥形，可以设置投影，阴影效果边缘可以虚化，此光源有方向性。照射范围可以通过【锥形角度】进行调整，如图3-7所示。

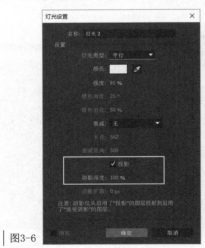

图3-6

图3-7

3. 点光源

此灯光类型类似于生活中的灯泡照明效果，光线从一点向四周照射，光线有衰减效果，可以设置投影、阴影效果，如图3-8所示。

4. 环境光

环境光没有光源，没有方向性，不可以设置投影效果，通常作为调节层来控制画面亮度，如图3-9所示。

小贴士：

在灯光设置对话框勾选【投影】后，需要在投射出阴影的图层下【材质选项】中开启【投影】【接受阴影】选择，才可以出现阴影效果；在时间线窗口双击【灯光图层】，可以修改灯光图层的参数。

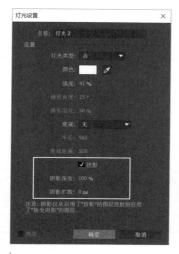

图3-8

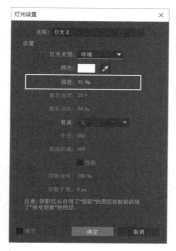

图3-9

3.1.5　摄像机图层

在菜单栏选择【图层】>【新建】>【摄像机】，弹出【摄像机设置】对话框，在该窗口可以进行摄像机的相关设置，设置完成后点击【确定】，如图3-10所示。

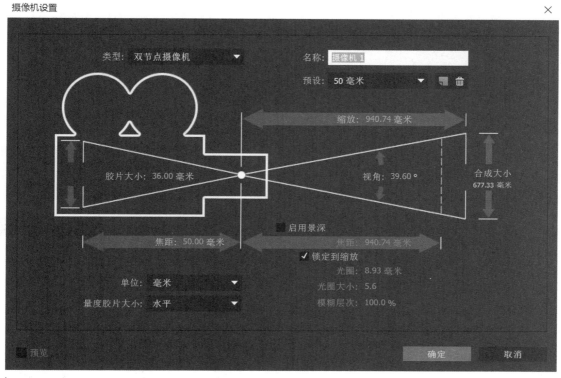

图3-10

常用参数详解：

【预设】设置摄像机的焦距，默认为50mm。点击 ▼ 按钮，可以选择不同预设焦距。我们也可以自定义摄像机。焦距数值越小视角越大，数值越大视角越小。

【启用景深】在三维空间中控制画面的景深效果。勾选【启动景深】后可以调节光圈大小和模糊层次。

1. 控制摄像机的方向

对于摄像机的方向、位置我们可以通过改变摄像机的【位置点】和【目标点】进行调整，来改变摄像机的拍摄范围及视觉中心，摄像机默认的【目标点】为画面中心，如图3-11所示。

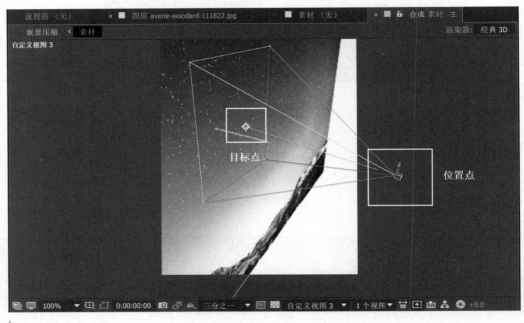

图3-11

2. 摄像机工具

在工具栏窗口选择【 ■ 摄像机工具】，可以通过鼠标左键、右键、中键分别控制旋转、推拉、平移操作。按住【摄像机工具】出现二级菜单，如图3-12所示，选取相应工具来单独控制摄像机的移动方式。

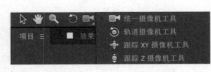

图3-12

3. 摄像机视图

在三维空间中，为了便于观察画面、操作摄像机位置，在【合成窗口】可以启用不同视图模式，方便我们更好地操控摄像机，如图3-13所示。

小贴士：

开启多视图模式，需要在【时间线窗口】开启图层的【3D图层】选项。在此模式下，图层属性中出现Z轴坐标，可调节图层在三维空间中的纵深关系。在图层运动过程中，始终保持朝向摄像机，其执行方法是【图层】>【变换】>【自动定向】。

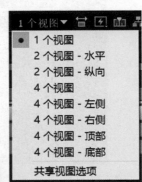

图3-13

3.1.6 调整图层

在菜单栏选择【图层】>【新建】>【调整图层】，调整图层的主要作用是整体调节合成画面的明度、色彩等特效，处于调整图层下方的所有图层都具备【调整图层】的特效，不需要逐一单独设置，如图3-14所示。

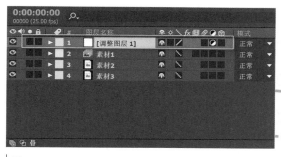

图3-14

3.2 图层基本操作

图层是软件操作的基础，在制作动画、添加特效时都需要通过图层操作来完成，在图层面板中集成许多常用的功能，本节将详细讲解图层基本功能及操作。

3.2.1 图层显示控制区

如图3-15所示。

图3-15

参数详解：

【 👁 图层显示开关】切换图层在合成窗口中显示/隐藏，同时也影响最终渲染输出效果。

【 🔊 音频开启开关】控制音频图层的开启与关闭。

【 ⚫ 图层独奏开关】开启该功能，合成中只显示该图层效果，其他图层处于隐藏状态。

【 🔒 图层锁定开关】开启该功能，图层处于锁定状态。图层不可编辑，但不影响最终渲染输出的效果。

3.2.2 图层属性控制区

如图3-16所示。

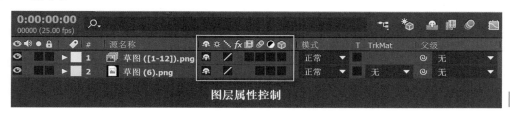

图3-16

参数详解:

【 🖳 消隐开关】开启图层消隐状态,在图层开启消隐状态后点击时间线窗口右上方【消隐】开关,处于消隐状态的图层将被隐藏。该功能方便图层素材的管理,可以快速地查看某一类图层效果。

【 ✳ 折叠开关】开启该模式后,嵌套素材质量被优化,减少嵌套渲染时间。

【 ⬛ 质量开关】切换合成窗口中该图层效果的显示质量。

【 fx 效果开关】开启/关闭该图层特效,在关闭图层特效后该图层特效不会被删除。

【 ▥ 帧混合开关】开启帧融合模式,动态素材进行慢速播放时优化流畅性。

【 ◎ 运动模糊快关】图层进行位移动画时是否产生模糊效果。

【 ◍ 调整图层开关】将选定图层转换为调整图层,在此图层下方的图层都应用该图层效果。

【 ⬡ 3D图层开关】将二维图层转换为三维图层。

3.2.3　图层属性管理控制区

如图3-17所示。

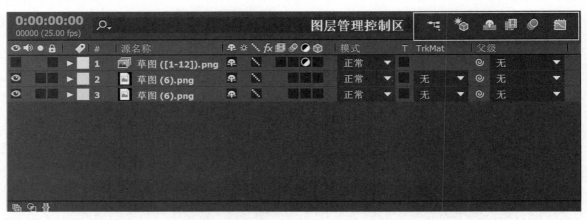

图3-17

参数详解:

【 ⚡ 合成微型流程图】显示时间线窗口中选定图层的层级结构。

【 ⬡ 草图3D按钮】屏蔽3D图层中阴影、摄像机、模糊等效果,加快预览。

【 🖳 消隐按钮】隐藏时间线窗口中所有开启消隐功能的图层。

【 ▥ 帧混合按钮】开启时间线窗口中所有设置帧混合效果的图层。

【 ◎ 运动模糊按钮】开启时间线窗口中所有设置运动模糊效果的图层。

【 🖼 图表编辑器按钮】编辑关键帧曲线。

3.2.4　图层动画属性

在时间线窗口中,每个图层都包含基本的属性设置。在制作图层动画时,这些基本属性是制作图层动画的基础;也是调整图层、修改素材常用的属性,如图3-18所示。

参数详解:

【锚点】控制图层中心点位置,默认为图层中心,快捷键为【Y】。

【位置】控制图层在合成窗口的位置。快捷键为【V】；按住【Shift】拖拽图层，可以进行平行或垂直移动。

【缩放】控制图层在合成窗口中的大小比例，快捷键为【S】。

【旋转】控制图层在合成窗口中的旋转角度，【0x】代表旋转多少圈，快捷键为【R】。

【不透明度】控制图层在合成窗口中的透明效果，快捷键为【T】。

图3-18

小贴士：

在图层为动画属性时，可以将鼠标移动到相关属性后面的数值上后会出现【手形】光标，按住鼠标左键拖拽改变数值大小；点击【 🔗 比例约束】，可分别调整属性数值，在需要精确调节属性数值时，可单击属性数值直接输入具体参数 缩放

3.3 图层关键帧动画

关键帧是插值动画的基本元素。在After Effects中几乎所有的特效、动画都需要设置关键帧来制作动画效果，了解和掌握关键帧的应用是熟练运用After Effects软件的关键。

那么什么是关键帧？什么又是关键帧动画？

关键帧相当于传统动画中的原画，是指角色或者物体运动或变化中的关键动作所处的那一帧。关键帧与关键帧之间的动画叫做过渡帧或者中间帧。 关键帧动画相当于软件通过插值计算完成中间帧部分，我们只需要设定动作的开始与动作的结束的关键帧，就可以制作出动画效果。所以在After Effects中至少要有两个关键帧才能完成动画效果。

3.3.1 创建关键帧

在After Effects中，当可以创建关键帧时都会出现"秒表"图标 ⏱ ，点击该图标激活参数关键帧。在时间线出现第一个关键帧，如图3-19所示。

图3-19

移动时间线至下一帧出现的位置,改变属性参数数值。自动生成第二个关键帧,如图3-20所示。

图3-20

小贴士:

在创建关键帧动画时需要注意属性、参数、时间是完成关键动画的三要素,必须同时调整这三个要素才能产生关键帧动画,我们在制作较为复杂的关键帧动画时也要遵循这一原则。首先选定图层或者特效中某一属性来制作动画;其次要改变时间线位置;最后是改变属性的参数。

3.3.2 编辑关键帧

1. 找出关键帧

当在图层属性设置关键帧后,在相关属性左侧出现【 ⏱ 关键帧控制器 】。

参数:

图标跳转至上一关键帧,快捷键为【J】。

跳转至下一关键帧,快捷键为【K】。

添加/删除当前选定的关键帧。

小贴士:

在时间线窗口选定图层,按快捷键【U】,可以展开该图层所有带有关键帧的属性面板;在移动关键帧时按住【Shift】键,关键帧将自动吸附到附近关键帧位置,方便编辑关键帧位置的操作。

2. 选择关键帧

选择单一关键帧:鼠标左键单击相应关键帧即可,如图3-21所示。

选择多个关键帧:鼠标框选预选取的关键帧,或者按住【Shift】加选关键帧,如图3-22所示。

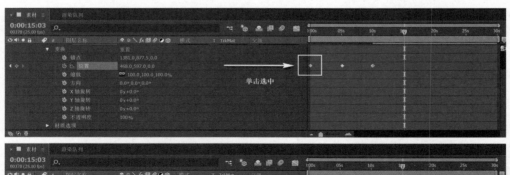

图3-21

图3-22

选择相同参数关键帧：在关键帧处点击鼠标右键 >【选择相同关键
帧】，如图3-23所示。

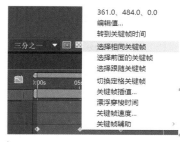

3. 复制/粘贴、删除关键帧

复制/粘贴：选择单一、多个关键帧，按【Ctrl+C】复制关键帧 > 移动
时间线至需要粘贴的时间点，按【Ctrl+V】粘贴，如图3-24所示。

删除：选择单一、多个关键帧，按【Del】删除。

图3-23

图3-24

3.3.3　关键帧插值

本章开始，我们简单叙述了关键帧动画的原理，由此可以知道当设置两个关键帧时，中间的部分是由
电脑计算完成的。这些数据我们就称作插值。在After Effects中为了制作更为自然的动画效果，我们可以设
置帧与帧之间插值类型，从而模拟更为真实的动画效果。

1. 设置插值类型

选择一个或多个需要调整的关键帧，点击鼠标右键 > 选择【关键帧插
值】，弹出窗口进行设置，如图3-25所示。

参数详解：

【临时插值（时间插值）】设置关键帧进行匀速、加速、变速的动画效果。

【空间插值】控制【位置】属性的空间运动路径。

【漂浮（平滑插值）】控制关键帧运动曲线产生平滑效果。

图3-25

2. 时间插值类型

点击关键帧设置窗口【临时插值】　▼　，出现类型下拉菜单，如图3-26所示。选择不同的插值类型进
行设置，关键帧图标也会发生相应的改变。

参数详解：

【线性关键帧】表现为匀速变化效果。

【定格关键帧】表现为固定数值的出入点。

【自动贝塞尔曲线】自动平滑缓冲速度变化。

【连续贝塞尔曲线】出入点速度以贝塞尔曲线方式完成。

【缓入/缓出】线性方式入点，贝塞尔方式出点。

图3-26

3.4 本章实例

3.4.1 实例1——关键帧动画

Step1：导入3.4.1文件夹素材，创建新的合成。设置合成时间为12秒，修改合成名称为关键帧动画，如图3-27所示。

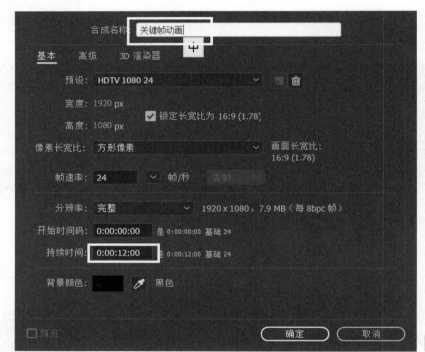

图3-27

Step2：拖拽老鹰素材、云素材到合成，设置云图层为适合复合。选择【老鹰】图层，执行图层>时间>时间伸缩命令。设置伸缩时间为12秒，如图3-28所示。

图3-28

Step3：设置关键帧动画。

①将【老鹰】图层变换属性中锚点位置设置为1116.0；309.0。在位置属性设置关键帧，关键帧设置如图3-29所示。通过关键帧调节点调整位移位置。

图3-29

②为缩放属性设置关键帧动画，呈现近大远小的视觉效果，以增加真实感。拖拽时间线在0秒、4秒、6秒位置设置缩放为10%，依次添加两个关键帧分别将缩放设置为150%、300%，如图3-30所示。

图3-30

Step4：复制【老鹰】图层，调节关键帧调节点位置，将进度条向后移动到时间线3秒位置，如图3-31所示。

Step5：预览效果，输出合成。

图3-31

实例解析：

本实例主要讲解如何通过设置关键帧制作老鹰飞行动画以及通过控制点调节老鹰飞行轨迹，制作难点如下：

①新建合成要注意设置合成时间长度要与素材匹配，避免素材播放完出现黑屏。

②设置关键帧动画时，不要忘记拖动时间线到相应位置后再设置属性数值，牢记属性、时间、数值三要素。

③在合成窗口拖动素材，设置关键帧的属性后会发生改变。

3.4.2 实例——变速效果

Step1：导入本章配套素材【第3章实例>3.4.2文件夹>素材】，创建新的合成。设置合成时间为【19秒】，

图3-32

修改合成名称为【变速效果】。

　　Step2：将【车】图层拖拽到合成，设置为适合复合。创建一个【纯色】图层设置为白色。将【纯色】图层放在【车】图层下方，如图3-32所示。

　　Step3：为背景添加暗角，增加整体氛围。选择【纯色】图层，在工具栏选择椭圆形工具，创建遮罩调整遮罩大小，设置遮罩羽化属性，如图3-33所示。

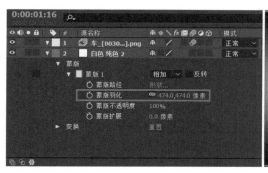

图3-33

　　Step4：添加变速效果，选择【车】图层，执行图层>时间>启用时间重映射。将时间线移动到11秒位置。单击【时间重映射】激活关键帧。将生成关键帧向左移动到4秒位置，如图3-34所示。

图3-34

　　Step5：先点击【图表编辑器】，再点击【自动贝塞尔曲线】平滑关键。通过控制点调节变速动画效果，如图3-35所示。

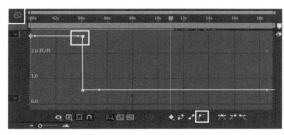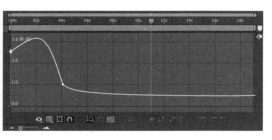

图3-35

　　Step6：预览效果，渲染输出合成。

实例解析：

　　本实例主要讲解【变速效果】的应用，首先通过遮罩创建场景，然后通过【时间重映射】命令制作变速效果。最后通过【图形编辑器】调节变速动画。本实例制作难点如下：

①创建遮罩时注意，图形工具与遮罩使用的是相同工具。选定图层的情况下创建的是遮罩，这点需要注意。另外可以根据需要通过工具栏按钮切换，如图 。

②执行变速效果时，素材实际帧数要高于合成中设置的帧速率，这样生成变速效果时慢动作部分才不会因为帧速率不够而出现卡顿。

③通过【图表编辑器】可以使变速效果更流畅，也可以通过添加控制点来制作更细致的变速效果。

本章小结：

本章主要讲解了图层、图层属性的概念及相关操作的技巧。通过本章的学习，主要应了解掌握以下知识要点：

1. 图层。图层是后期制作的基础元素，了解掌握不同类型图层的作用以及图层属性是本章的重点内容，特别是三维图层的运用。

2. 关键帧动画。正确设置关键帧动画是制作特效的基本手段，应熟练掌握关键帧的运用方式，时间、属性、数值是正确设置关键帧动画的三要素。

第 4 章　遮罩与轨迹蒙版

本章学习要点：

　　1. 了解遮罩的作用。

　　2. 掌握创建遮罩的使用方法。

　　3. 了解轨迹蒙版的原理。

　　4. 掌握轨迹蒙版的使用技巧。

4.1　遮罩的原理及作用

　　遮罩就是利用贝塞尔曲线在素材图层上创建一个闭合的轮廓路径，可以通过不同的遮罩模式来达到遮蔽不同区域的透明属性。在制作合成时，当素材无法通过抠像或通道信息达到需要的效果时，我们就会选用遮罩功能来屏蔽掉不需要的部分，如图4-1所示。

图4-1

小贴士：

　　通过闭合路径可创建遮罩，同时还可作为其他效果的路径，在创建路径时要特别注意，在After Effects中很多工具是通用的，但在不同情况下功能不同，如图形工具、遮罩工具。

4.2 创建与控制遮罩

4.2.1 创建遮罩

在After Effects中创建遮罩的方法主要有三种：

1. 利用【钢笔工具】创建遮罩

使用【 ✒ 钢笔工具】可以创建自由形状的遮罩，在实际制作中多用于不规则形状的遮罩创建。首先，在时间线窗口选定创建遮罩的图层；其次，在工具栏选择【钢笔工具】，在合成窗口创建遮罩，根据素材绘制形状，如图4-2所示。

图 4-2

2. 利用【图形工具】创建遮罩

利用【 ▢ 图形工具】可以创建相对规则的遮罩，多用于大面积简单形状的遮罩或者制作暗角效果。首先，在时间线窗口选定创建遮罩的图层；其次，在工具栏选择【图形工具】，在合成窗口创建遮罩，如图4-3所示。

图 4-3

3.利用【新建蒙版】命令创建遮罩

利用【新建蒙版】命令创建遮罩，所创建遮罩大小，可以通过【 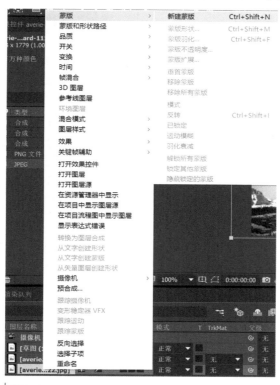 选取工具】调节遮罩大小。应先在时间线窗口选定创建遮罩的图层，执行【图层】>【遮罩】>【新建蒙版】，如图4-4所示。

图 4-4

小贴士：

　　在合成窗口中利用【图形工具】创建遮罩时，按住【Shift】键绘制遮罩可以创建出等宽高比遮罩，如正圆形遮罩。按住【Ctrl】键绘制遮罩可以创建出以鼠标指针位置为中心点的遮罩。

4.2.2　调整遮罩形状

完成遮罩的创建，我们可以通过【选取工具】和【钢笔工具】调整遮罩的形状。

1.利用【选取工具】

选择相应遮罩，对单个、多个控制点进行调整。双击任意一个控制点可对遮罩进行整体调整，如图4-5所示。

2.利用【钢笔工具】

在工具栏选取【钢笔工具】，在合成窗口选取控制点进行调节。按住【　钢笔工具】可调出下拉菜单选择相应工具，如图4-6所示。

图 4-5

图 4-6

图 4-7

图 4-8

参数详解：

：按住【Ctrl】键选取控制点，删除所选控制点，如图4-7所示。

：按住【Alt】键选取控制点，可以调节拐点，如图4-8所示。

4.3 遮罩属性

通过遮罩属性可以设置遮罩效果、遮罩动画等相关效果，如图4-9所示。

图 4-9

参数详解：

【蒙版路径】设置遮罩的形状，也可以控制节点制作遮罩动画，如图4-10所示。

【蒙版羽化】设置遮罩形状边缘硬度，如图4-11所示。

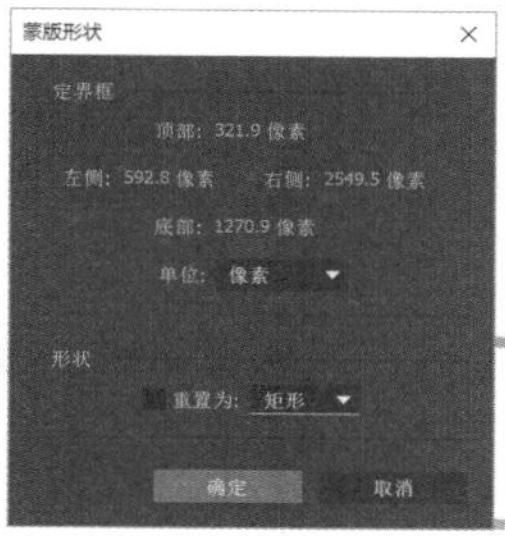

图 4-10

图 4-11

【蒙版不透明度】设置遮罩的透明度，数值越小，透明度越高，如图4-12所示。

图 4-12

【蒙版扩展】控制蒙版影响范围，如图4-13所示。

图 4-13

小贴士：

在时间线窗口中按快捷键【M】两次，可展开遮罩属性面板。

4.4　遮罩叠加模式

在素材图层创建单个或多个遮罩时，我们可以通过调节不同的叠加模式来创建不同的遮罩效果。遮罩叠加模式在【蒙版】属性栏设置。单击 ▼ 可调出蒙版模式下拉菜单，如图4-14所示。

图 4-14

参数详解：

【无】选择无，遮罩效果关闭，只作为路径显示。

【相加】单一遮罩，遮罩效果为遮罩形状以外区域。多个遮罩为多个遮罩形状相加以外范围，如图4-15所示。

【相减】单一遮罩，遮罩效果为遮罩形状以内区域。多个遮罩为多个遮罩形状相加以内范围，如图4-16所示。

【交集】遮罩效果为多个遮罩相叠加的部分，如图4-17所示。

图 4-15　　　　　　　　　　图 4-16　　　　　　　　　　图 4-17

【变亮】遮罩效果与【相加】效果类似，多个遮罩相交区域以不透明度较高的为准，如图4-18所示。

【变暗】遮罩效果与【交集】效果类似，多个遮罩相交区域以不透明度较低的为准，如图4-19所示。

【差值】遮罩效果为多个遮罩形状相加范围，交集部分为【相减】效果，如图4-20所示。

图 4-18　　　　　　　　　　　图 4-19　　　　　　　　　　　图 4-20

4.5　轨道蒙版

轨道蒙版是将作为蒙版图层的Alpha通道信息或明度信息作为另一图层的透明图层处理，以达到遮罩的效果。在制作合成特效时经常会运用到，例如：为文字增加纹理效果、制作扫光效果、反射效果等，如图4-21所示。

图 4-21

小贴士：在下面的学习中为了表述清晰，我们将带有Alpha通道信息或明度信息的图层称为蒙版层；将被遮罩的目标图层称为纹理层。

4.5.1　创建轨道蒙版

将蒙版图层和纹理图层拖拽到时间线窗口，调整图层顺序，将蒙版层移动到纹理层上方，如图4-22所示。

图 4-22

点击图层属性中的【轨道遮罩】，出现命令下拉菜单，如图4-23所示，选择遮罩类型。

图 4-23

4.5.2　轨道蒙版的遮罩模式

在执行【轨道遮罩】命令时，在下拉菜单中有四种模式可以选择。我们可以根据需要制作的效果和蒙版层的特点，选择遮罩的模式，如图4-24所示。

1.【Alpha遮罩】将蒙版层的Alpha信息作为纹理层的显示部分，如图4-25所示。

2.【Alpha反转遮罩】效果与【Alpha遮罩】处理方式相同，但遮罩效果相反，如图4-26所示。

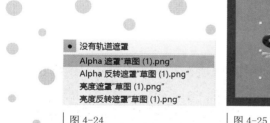

图 4-24　　　　　　　　　图 4-25　　　　　　　　　图 4-26

3.【亮度遮罩】将蒙版的亮度信息作为纹理图层的显示部分，其他区域为遮罩区域，如图4-27所示。

4.【亮度反转遮罩】效果与【亮度遮罩】处理方式相同，但遮罩效果相反，如图4-28所示。

图 4-27　　　　　　　　　　　　　　　　图 4-28

4.6 本章实例

4.6.1 实例——遮罩动画

Step1：打开配套素材【第4章实例>4.6.1文件夹>素材】导入,创建新合成命名为【遮罩动画】，时间长度度为【10秒】。

Step2：将【竹简】拖拽到时间线窗口，调整大小及位置，如图4-29所示。

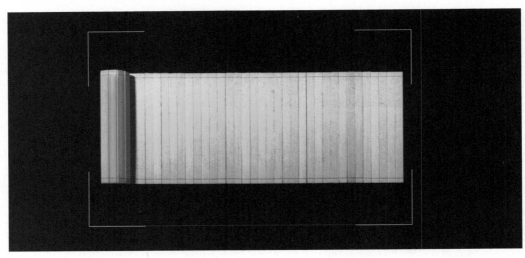

图4-29

Step3：创建【文字图层】，长按【 T 文字工具】，选择直排文字工具，输入文字调整大小。效果如图4-30所示。

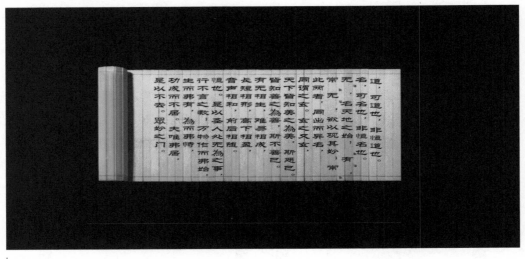

图4-30

Step4：创建【调节层】，执行效果>色彩校正>曝光。具体参数如图4-31所示。

Step5：在【调整层】上创建矩形遮罩，遮罩模式为【相加】，勾选【反转】。具体效果如图4-32所示。

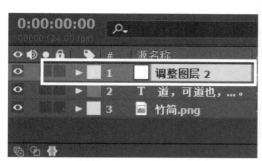
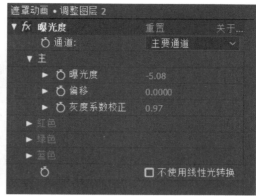

图 4-31

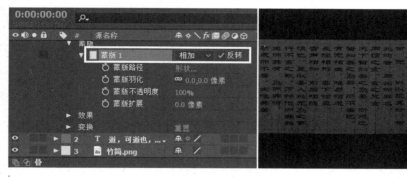

图 4-32

Step6：选择【遮罩】属性中【蒙版路径】，创建一个关键帧动画，完成遮罩位移动画，如图4-33所示。

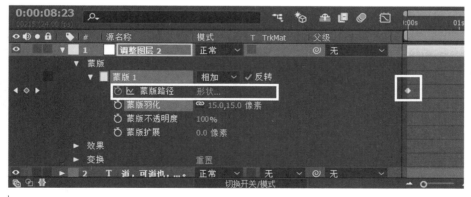

图 4-33

Step7：将所有图层【预合成】改为【动画合成】，再创建一个【调节层】，如图4-34所示。

Step8：为【调节层】添加一个【shine】扫光滤镜。具体参数如图4-35所示。

Step9：渲染输出动画。预览最终效果如图4-36所示。

图 4-34

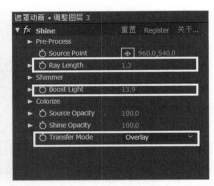

图 4-35

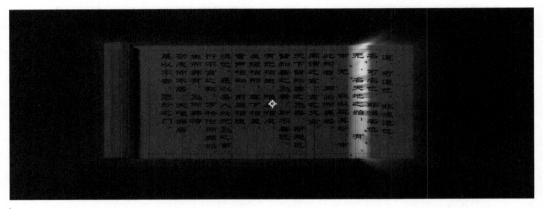

图 4-36

实例解析：

本实例主要讲解利用蒙版制作竹简遮罩动画，然后通过为遮罩添加扫光效果完成文字扫光效果。本实例制作难点如下：

①调节层对其以下的所有图层起作用，所以在制作过程中应注意调节层的图层关系，在本实例中第一个调节层需要对【竹简】【文字】图层起作用，所以图层关系中将调节层放置在最上层，如图4-37所示。

图 4-37

②制作遮罩动画时，通过【蒙版路径】设置动画时，需要改变遮罩形状才会产生关键帧。

4.6.2 实例——文字倒影

Step1： 打开配套素材【第4章实例>4.6.2文件夹>素材】导入,创建新合成命名为【文字倒影】。时间长度为【5秒】，背景色为【浅灰】。

Step2： 为合成创建一个背景。

①创建纯色层，设置颜色为【白色】。创建矩形遮罩，具体设置如图4-38所示。

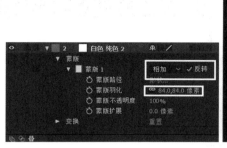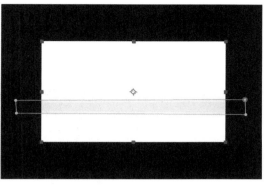

图 4-38

②创建纯色层，设置颜色为【深灰色】。创建椭圆形遮罩，具体设置如图4-39所示。

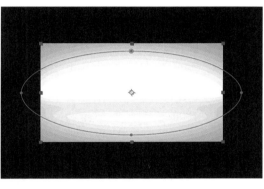

图 4-39

③将图层预合成，命名为【背景】。

Step3: 将【字母】素材拖拽到时间线窗口，执行色彩校正>色相饱和度滤镜调节色彩明度、饱和度，具体参数如图4-40所示。

Step4: 制作字母主体效果。

①复制【字母】图层，重命名为【字母蒙版】。创建一个调整层，执行【shine】扫光滤镜。具体设置参数如图4-41所示。

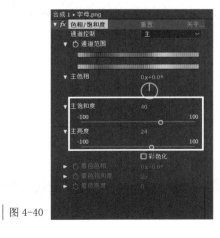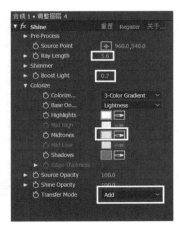

图 4-40　　　　　　　　　　　　　　　　　　　　　　图 4-41

②调整【调节层】轨迹蒙版模式为【Alpha遮罩"字母蒙版"】。效果如图4-42所示。

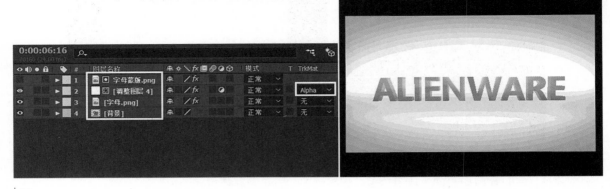

图 4-42

Step5：复制【字母】图层，重命名为【倒影】。调节缩放属性，将【约束比例】取消在Y轴向输入【-100】，透明度为【28%】，制作出文字倒影部分，如图4-43所示。

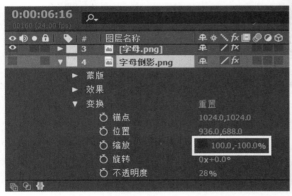

图 4-43

Step6：为【倒影图层】创建【矩形遮罩】。具体参数如图4-44所示。

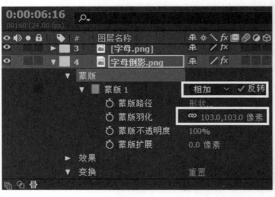

图 4-44

Step7：预览最终效果，渲染输出动画。

实例解析：

本实例主要利用图层缩放属性及遮罩羽化效果创建文字倒影效果。本实例制作难点如下：

①在制作过程中案例图层较多，需要注意合成的图层关系。正确命名各图层非常重要。

②在制作扫光效果时，要注意蒙版与扫光特效层的上下关系。为调节层添加蒙版的目的是让光线只在字母轮廓周围出现。这种制作方式在实际制作过程中经常用到。

4.6.3　轨道蒙版应用——天空反射效果

Step1：打开配套素材【第4章实例>4.6.3文件夹>素材】导入，创建新合成命名为【天空反射】。时间长度为【8秒】。本实例是对第2章实例效果的补充，前一部分制作步骤请参考第2章。第2章实例效果如图4-45所示。

Step2：制作天空发射效果。复制天空图层、字母图层分别重命名为【反射】【蒙版】，并调整图层顺序，如图4-46所示。

图 4-45

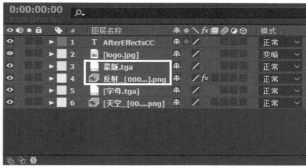

图 4-46

Step3：选中【蒙版图层】，执行图层>预合成，在预合成窗口中选择第二个选项。选择【反射图层】将蒙版模式改为【Alpha遮罩"蒙版.tga"】，如图4-47所示。

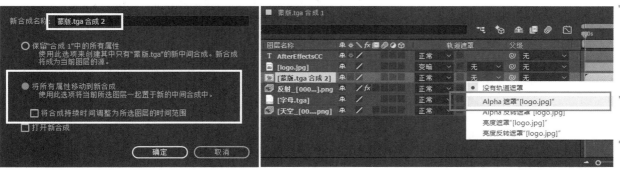

图 4-47

Step4：选择【发射图层】，执行效果>扭曲>置换图滤镜，在效果控制面板中将置换图层改为【蒙版.tga合成】。具体参数如图4-48所示。

图 4-48

Step5：选择【蒙版】【反射】图层执行预合成，重命名为【天空反射】，更改图层模式为【叠加模式】。效果如图4-49所示。

图 4-49

Step6：选择【天空图层】，执行【黑色与白色】滤镜使天空变成黑白画面。效果如图4-50所示。

图 4-50

Step7：预览最终效果，渲染输出动画。

实例解析：

本实例主要利用【轨迹蒙版】制作天空映射效果，首先通过【轨迹蒙版】制作映射图层，然后执行【置换映射】制作天空在文字上的映射效果。最后通过【黑色和白色】滤镜将天空调节成黑白效果。本实例制作难点如下：

①执行轨迹蒙版操作后，作为蒙版的图层将自动设置为【隐藏】。如果点击图层前面的 👁 图标，蒙版将失效。

②【置换图】滤镜只读取被置换图层的原始信息进行置换。所以如果被置换图层进行过位移、缩放等属性操作，需要对图层进行【预合成】才可以正确显示效果。不对被置换图层进行【预合成】，效果如图4-51所示。另外需要注意的是：在【置换图】参数中需要将【置换图特性】选为【伸缩对应图以适合】。

图 4-51

本章小结：

本章主要讲解了遮罩和轨迹蒙版的操作方法和技巧，特别是轨迹蒙版的应用，在实际制作中是特别容易出错的地方。通过本章的学习，主要应了解掌握以下知识要点：

1. 遮罩、遮罩动画。遮罩是较为常用的制作特效的手段，正确的创建遮罩是运用遮罩的基础，要能够区分遮罩的创建条件与创建图形的创建条件。

2. 轨迹蒙版。轨迹蒙版是本章的重点内容，不同的蒙版模式所产生的效果需要熟练掌握，特别是蒙版与图层的层级关系是正确创建轨道蒙版的关键，尤其要注意的是同一素材通过不同的蒙版模式可以得到素材不同的部分。

第 5 章　绘画工具与矢量绘图

本章学习要点：

　　1. 了解矢量图与位图的概念。

　　2. 掌握矢量图的创建方式。

　　3. 掌握矢量图的操作技巧。

　　4. 掌握绘画工具的使用方法。

　　After Effects具备强大的绘图功能，可以使用画笔工具、钢笔工具创建位图及矢量图形。在实际制作中，我们可通过运用图形工具绘制出丰富的纹理效果。在学习本章内容之前，要先了解两个概念：位图与矢量图，如图5-1、图5-2所示。

图 5-1

图 5-2

位图：也称为点阵图像，是由像素构成的图像。图像质量由像素多少决定，当放大位图时，可以看见像素排列，也就是我们通常说的锯齿或者马赛克。

矢量图：不是由像素点作为基础元素，而是由几何图形运算得来的。其优点是放大图形后不失真，没有锯齿现象，图像质量与分辨率无关，常用于文字排版、标志设计。

5.1 绘画工具

关于绘画工具，在 After Effects 软件里集中在工具栏面板上，分别是【画笔工具】【仿制图章】【橡皮擦】三个工具，如图5-3所示。

图 5-3

在工具栏选择【 画笔工具】，软件界面窗口出现【绘画面板】。调节好设置后在合成窗口中进行绘制，如图5-4所示。

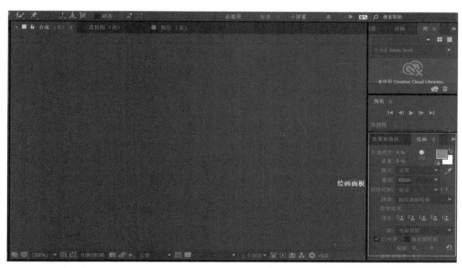

图 5-4

5.1.1 绘画面板

绘画面板主要用来设置画笔工具的不透明度、混合模式、颜色等，如图5-5所示。用过Photoshop绘图软件的人对绘画面板应该不会陌生。绘画面板的基本功能设置都具有一定的共通性。

参数详解：

【不透明度】用来设置【画笔工具】【橡皮擦工具】的最大透明度。

【流量】设置【画笔工具】【橡皮擦工具】的绘制或擦除的密集度。

图 5-5

【模式】类似于图层叠加模式，设置【画笔工具】的叠加模式。

【通道】设置绘画作用的图层通道。

【持续时间】设置绘制笔触的动画效果，包含四种模式，如图5-6所示。

【固定】完整地显示绘制笔触过程。

【写入】根据绘制速度记录整个过程，自动设置关键帧动画。

【单帧】只显示当前笔触。

【自定义】根据需要设置笔触持续时间。

图5-6

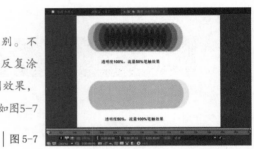

 ：设置画笔颜色。

小贴士：

不透明度与流量两个参数在显示效果上有类似的地方，但也有区别。不透明度是整体控制每一笔的最大不透明数值，即每一笔在同一位置反复涂抹，透明度不会发生改变；流量是通过绘制的密集度控制笔触的不透明效果，如果用每一笔在同一位置反复涂抹，密集度会增加，不透明度也会变高，如图5-7所示。

图5-7

5.1.2 画笔面板

在使用【画笔工具】时，可以通过【画笔面板】设定画笔的形状、尺寸、羽化等，以达到需要的效果，如图5-8所示。

参数详解：

【直径】设置画笔的大小。

【角度】设置画笔的旋转角度。

【圆度】调整画笔圆度，默认为正圆。

【硬度】设置笔触边缘虚化程度，硬度越小笔触越柔和。

【间距】设置笔触间隔距离大小，间距大小与画笔速度有关，如图5-9所示。

图5-8

图5-9

小贴士：

1.在运用画笔工具时，在不具备图层性质的图层上无法使用画笔工具，如文字图层。

2.画笔工具不能直接应用在合成窗口中，需要双击该图层进入图层预览窗口后才可以运用绘画工具。

3.按住【Ctrl】键的同时按住鼠标左键进行拖拽可控制画笔大小。

4.连续按快捷键【P】两次，可以打开图层中笔触列表。

5.运用【画笔工具】在图层预览中进行绘图时，每完成一次笔触效果都会在图层属性列表中显示出来，方便修改笔触及叠加模式，如图5-10所示。

图 5-10

5.2 矢量绘图

在本章开始，我们了解了矢量图型的概念，在After Effects中创建矢量图形的方式。共有三种方式：分别是钢笔工具、形状工具、文字工具，如图5-11所示。

图 5-11

5.2.1 利用形状工具创建图形

利用形状工具可以创建几何图形，也可以创建遮罩。形状工具包含五种基础形状，如图5-12所示。

1. 多边形工具的属性设置

在创建多边形图形后，可以设置多边形的路径属性来创建多种图形，如图5-13所示。

图 5-12

图 5-13

参数详解：

【点】设置多边形的顶点数量，最小值为3，可以创建三角形，如图5-14所示。

【外径】控制多边形外轮廓的大小。数值越大，多边形就越大。

【外圆度】设置多边形边的弧度。默认值为0，多边形边为直线。可以设置正负百分比，如图5-15所示。

顶点数为3

顶点数为100

外圆度：100%

外圆度：600%

外圆度：-600%

图 5-14

图 5-15

2. 星形工具的属性设置

在创建星形图形后，可以设置多边形的路径属性来创建多种图形，如图5-16所示。

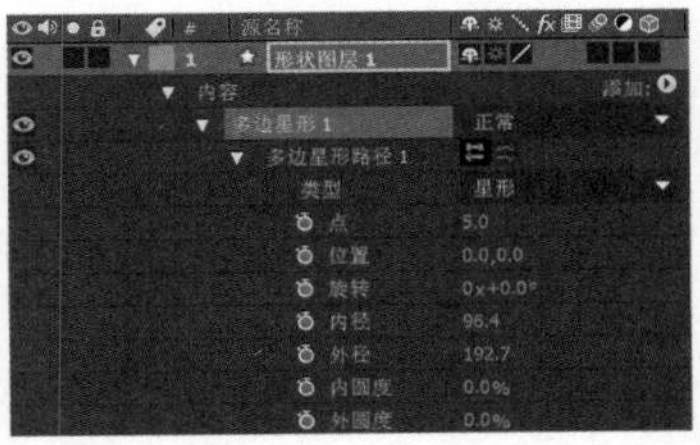

参数详解：

【点】设置顶点数量，最小值为3，可以创建三角形。

【内径】控制星形外轮廓的大小。数值越大，外径就越大，如图5-17所示。

【外径】控制星形外轮廓的大小。数值越大，外径就越大，如图5-17所示。

【内圆度】设置星形内角的弧度。默认值为0，可以设置正负百分比，如图5-18所示。

【外圆度】设置星形外角的弧度。默认值为0，可以设置正负百分比，如图5-18所示。

图5-16

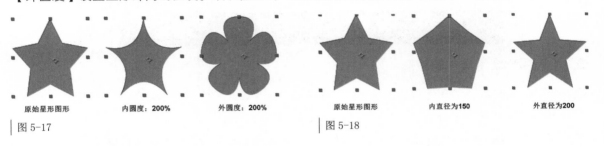

| 原始星形图形 | 内圆度：200% | 外圆度：200% | 原始星形图形 | 内直径为150 | 外直径为200 |

图 5-17   图 5-18

5.2.2 利用钢笔工具创建图形

在After Effects中，利用钢笔工具可以创建图形，也可以创建遮罩。相对于图形工具创建的图形，钢笔工具可以创建出更为复杂或者自由的图形。绘制图形的方式和遮罩控制路径节点的方式形同，如图5-19所示。

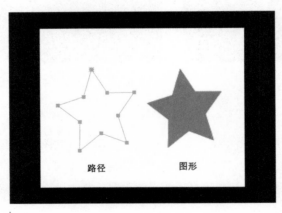

路径　　　　图形

图 5-19

小贴士：

在After Effects中，创建图形与遮罩都是运用【形状工具】【钢笔工具】来完成的。当创建矢量图形时，选择【工具创建形状】按钮 ★ ；当创建遮罩时选择【工具创建遮罩】按钮 。在时间线窗口未选择图层的情况下，运用形状工具创建的是图形；在选择形状图层的情况下，可以通过工具创建按钮选择创建图形或者遮罩；在选择素材图层或者纯色图层的情况下，只能创建遮罩，如图5-20所示。

填充：　描边：　　图 5-20

5.2.3 图形的高级属性

在After Effects中，完成矢量图形创建后，可以为图形添加高级属性。在时间线窗口打开形状图层属性，点击添加后按钮 ⊙ ，弹出高级属性菜单，如图5-21所示。

1. 颜色属性部分

颜色属性包括：填充、描边、渐变填充、渐变描边四种，如图5-22所示。渐变的类型分为线性渐变、径向渐变两种类型，如图5-23所示。

图 5-21　　图 5-23

图 5-22

小贴士：

矢量图形颜色属性可以通过工具栏按钮来设置，点击【填充】【描边】改变填充、描边类型，如图5-24所示。使用渐变填充类型时，可以在合成窗口使用拉杆调节渐变的角度、方向、过渡等，如图5-25所示。

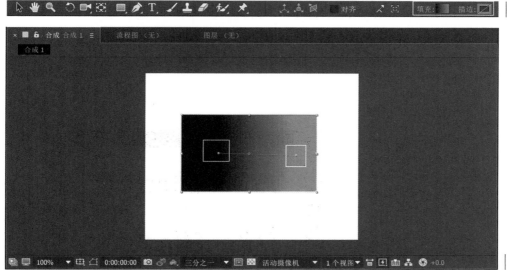

图5-24

图5-25

2. 路径属性

在形状图层添加路径属性可以对形状进行变形，路径属性对同一图层所有形状起作用。路径属性可以进行复制、粘贴等操作，如图5-26所示。

参数详解：

【合并路径】合并图层中矢量图形的形状，合并路径有四种模式：相加、减法、相交、排除相交。路径合并模式效果与遮罩模式类似。

【位移路径】对路径进行缩放操作。

【收缩和膨胀】对原路径中凹凸曲线做膨胀和收缩效果，如图5-27所示。

【中继器（重复）】该属性可以复制图形，分别设置图形属性。如制作阵列动画，如图5-28所示。

【圆角】对图形转角做圆滑处理。

【修剪路径】用于制作生长动画。

【扭转】以图形中心点为中心做扭曲变形，如图5-28所示。

【摇摆路径】将路径形状转换为锯齿形状。

【Z字形】将路径形状变形为规则齿状路径，如图5-28所示。

合并路径
位移路径
收缩和膨胀
中继器
圆角
修剪路径
扭转
摇摆路径
摆动变换
Z 字形

图5-26

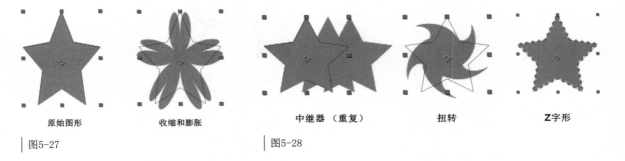

| 原始图形 | 收缩和膨胀 | 中继器（重复） | 扭转 | **Z**字形 |

图5-27　　　　　　　图5-28

5.2.4 文字工具创建矢量图形

在After Effects中，可以利用文字工具创建文字轮廓路径，生成新的形状图层，其原文字图层的变换属性、样式等不会发生改变。具体步骤如下：

Step1：在菜单栏选择【文字工具】，创建文字图层，输入需要创建轮廓路径的文字。

Step2：选择文字图层，点击右键弹出菜单 > 执行【从文字创建形状】命令，如图5-29（1）、图5-29（2）所示。

图5-29（1）　　　　　　　图5-29（2）

小贴士：

执行【从文字创建形状】命令后，在形状图层属性下的内容中可单独对每个路径轮廓进行编辑，如图5-30所示。

图5-30

5.3 本章实例

5.3.1 实例——矢量绘图

Step1：打开配套素材【第5章实例>5.3.1文件夹>素材】导入,创建新合成命名为【矢量绘图】。时间长度为【10秒】。

Step2：选择【矩形工具】绘制一个背景天空，大小为合成大小，填充方式为【纯色】。将【形状图层】重命名为【背景】。选择【背景图层】，再选择【矩形工具】绘制地面，将【形状1】命名为【地面】，效果如图5-31所示。

图5-31

图5-32

Step3：绘制群山，选择【背景图层】，使用钢笔工具绘制远景山峰形状，填充方式为【线性渐变】，通过调节点调整山峰渐变效果。调节位置、大小到适合位置，将形状重命名为【山】。按【Ctrl+D】键复制两次【山】，调节位置、大小，并改变颜色。选择三个调整好的【山】的形状图层，按【Ctrl+G】键打组，将组命名为【群山】，效果如图5-32所示。

Step4：绘制云形状，选择【椭圆形工具】选定【背景】图层，绘制四个椭圆，填充方式为【纯色】，调整现状大小、位置。选择三个形状，按【Ctrl+G】打组，将组命名为【云】。设置【云】形状两次，调节位置、大小，效果如图5-33所示。

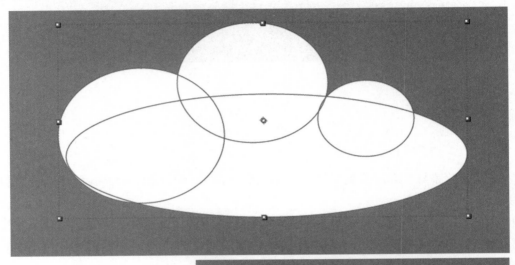

图5-33

Step5：绘制太阳形状，选定【背景】图层，选择【星形工具】绘制一个星形。填充方式为【径向渐

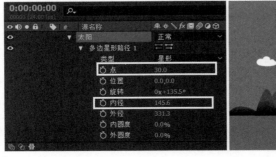

图5-34

变】。调整星形路径属性中【点】【内径】参数，具体参数如图5-34所示。设置完成后重命名为【太阳】。

Step6：将【汽车】素材拖拽到【时间线】窗口，选择【 控制点工具】为汽车做【木偶动画】。

①为【汽车】图层添加控制点，勾选【显示网格】。具体位置如图5-35所示。

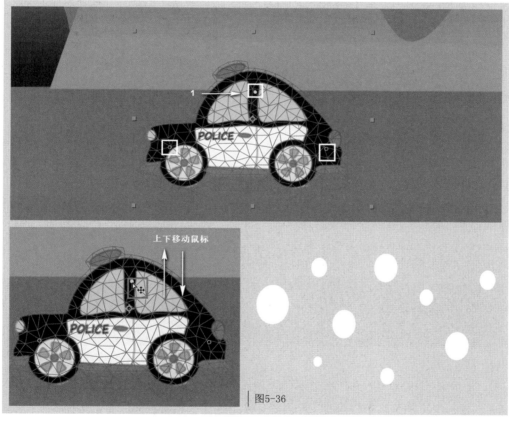

图5-35

②录制动画，将时间线调到0秒位置。用【控制点工具】选择【控制点1】，鼠标变为箭头形状。按住【Ctrl】键的同时按住鼠标左键不放，上下移动鼠标，开始录制【木偶动画】，如图5-36所示。

图5-36

③录制完成后，在【汽车】图层属性中出现【操控】属性，展开【操控】属性，在【网格】>【变形】>

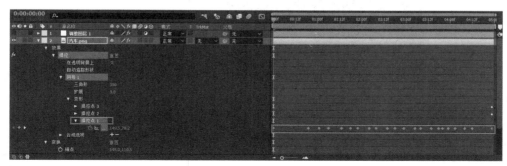

图5-37

【控制点1】中可以看到录制的动画关键帧。可对关键帧进行编辑或者删除关键帧重新录制，如图5-37所示。

Step7：通过【汽车】图层位置属性设置【关键帧】为汽车移动动画，使汽车穿过画面。

Step8：执行【投影】滤镜为汽车添加投影，具体参数如图5-38所示。

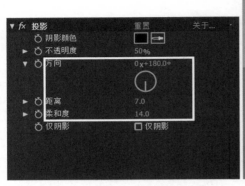

图5-38

Step9：制作太阳动画部分，选择【太阳】形状图层属性中【内经属性】至关键帧，制作呼吸效果的动画，具体参数如图5-39所示。

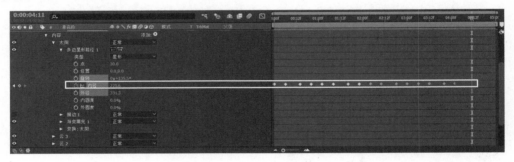

图5-39

Step10：创建一个【调整层】，执行【亮度对比度】滤镜，调亮画面，参数如图5-40所示。

图5-40　　图5-41

Step11：选中【调节层】创建【矩形遮罩】，调节【羽化值】制作出地面渐变效果，如图5-41所示。

Step12：按数字键【0】，预览效果，输出动画。

实例解析：

本实例主要讲解如何通过矢量工具绘制形状以及通过木偶动画制作汽车动画效果。本实例制作难点如下：

①形状图层中可以包含多个形状，先选中形状图层再绘制形状，把绘制形状添加到选中形状图层的子目录中。

②同一形状图层下的形状可以进行打组，方便管理形状，原理与Flash软件中的打组类似。

③木偶动画是本实例中新的知识点，在录制木偶动画时，选择的素材不能有其他关键帧动画，将木偶动画制作完成后才能制作该素材的其他关键帧动画；当素材在执行其他动画效果的同时录制木偶动画，画面会发生撕裂。

5.3.2 实例——手写字动画

Step1：打开配套素材【第5章实例>5.3.2文件夹>素材】导入，创建新合成命名为【手写字】。时间长度为【5秒】。

Step2：将【背景】素材拖拽到时间线窗口，执行【适合复合】，使素材符合合成宽高比。执行【黑色和白色】滤镜将【背景】素材变为单色。执行【色阶】滤镜调整素材对比度。执行【高斯模糊】滤镜调整素材清晰程度。效果如图5-42所示。

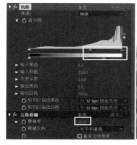

图5-42

图5-43

Step3：按【Ctrl+D】复制【背景】图层，删除【高斯模糊】滤镜，将图层模式改为【叠加】。效果如图5-43所示。

图5-44

Step4：创建一个【纯色】图层，选择吸管工具 🖊 ，选取【背景】图层颜色。创建【椭圆形】遮罩，勾选【反转】，调整【羽化】参数，如图5-44所示。

　　Step5：选择图层执行【预合成】，重命名为【背景合成】。

　　Step6：将【山水】素材拖拽到【时间线窗口】，双击【山水】图层打开图层预览窗口，然后选择【 ✎ 画笔工具】，通过【绘画】面板、【画笔】面板进行设置，如图5-45所示。

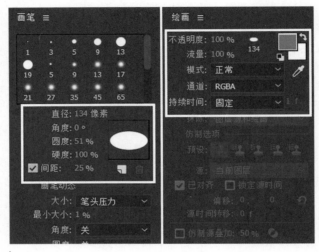

图5-45

　　Step7：使用画笔工具按照"山水"笔顺将字体描红。打开【山水】图层属性>【绘画】，将【画笔】图层按速度来调整每笔在时间上的位置，并调节手写字速度。调整每笔出现间隔为【6帧】，然后分别为每笔【描边选项】中【结束】做关键帧动画，数值从【0%到100%】间隔【6帧】，如图5-46所示。

图5-46

　　Step8：复制【山水】图层，重命名为【山水蒙版】。在【效果控制】面板>【绘画】滤镜勾选【在透明背景上绘画】，执行【毛边】滤镜为笔画添加晕染效果，然后将【山水】图层中【绘画】的滤镜删除。将【山水】图层蒙版模式设置为【Alpha遮罩"山水蒙版"】。具体参数及效果如图5-47所示。

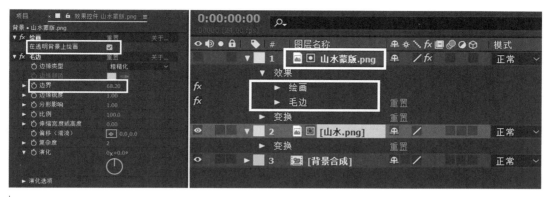

图5-47（1）

图5-47（2）

Step9：按数字键【0】，预览效果，输出动画。

实例解析：

本实例主要讲解如何利用画笔工具制作手写字效果。首先通过【遮罩】【高斯模糊】以及图层模式制作背景，然后利用画笔工具和轨迹蒙版制作手写字效果，最后设置关键帧完成手写字动画。本实例制作难点如下：

①画笔工具需要在素材预览窗口中使用，对字描红操作，并且需要画笔大小完全覆盖字体笔画，如果遇到粗细变换较大的笔画需要随时调整画笔大小。

②如果在文字描红过程中出现错误，可以用橡皮擦工具进行修改。

③为每笔设置关键帧的作用是控制每笔完整出现需要的时间，笔画与笔画之间出现的时间间隔是通过每笔图层在时间线窗口的位置来调节的。

本章小结：

本章主要讲解了After Effects 软件创建图形的方法，其中矢量图形的创建是本章的重点内容。通过本章学习，主要应了解掌握以下知识要点：

1. 矢量图形的创建方式。矢量图形的创建方式与遮罩相同，要掌握矢量图形的创建条件，尤其要记住矢量图形的属性可以创建出丰富的图像变换动画，另外文字也可以直接创建矢量图形。

2. 绘画工具。绘画工具的使用多用于手写字动画，其中画笔的使用方式要牢记在心，只有在进入图层的素材窗口的情况下才可以使用画笔工具。

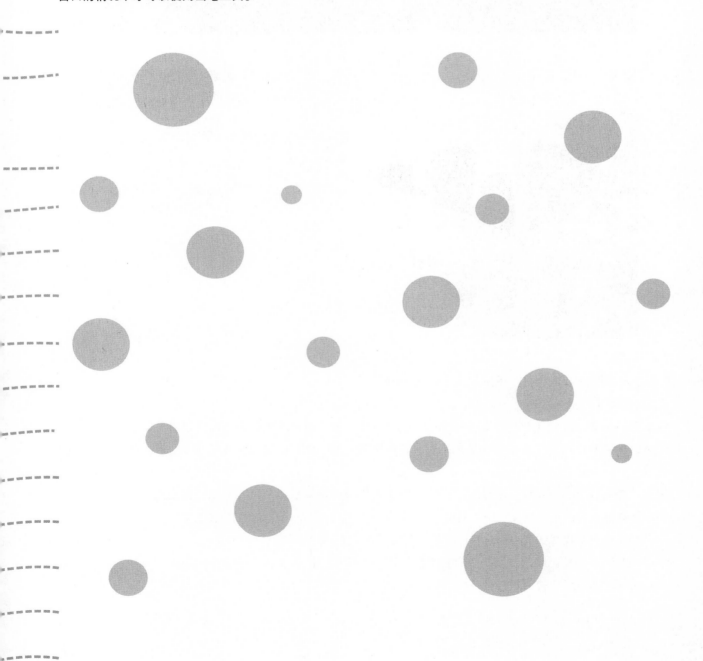

第 6 章　三维合成

本章学习要点：

    1. 了解三维空间的概念。

    2. 掌握三维图层属性。

    3. 了解三维图层窗口。

    4. 掌握摄像机的操作。

    5. 掌握文字三维属性。

什么是三维空间？三维空间是由三个维度组成，即长、宽、高三个方向。三维空间中物体呈现为立体形态，在三维空间中可以从不同角度观察形体。常用的制作三维空间的软件有很多，如MAYA、3ds Max、CAD等，它们都可以创建出逼真的三维空间。

在After Effects中，具有三维合成的功能，但不具有三维建模的功能，所以图层并不具备真实的立体形态，只是模拟三维空间，创建出三维空间景深的效果。

6.1 创建三维图层与三维视图

在After Effects中，可以将二维图层转换为三维图层。转换为三维属性的图层，在图层属性中会增加Z轴参数和材质选项。通过Z轴和材质选项，可以利用景深产生遮挡效果，模拟出三维场景。

6.1.1 创建三维图层

如果要创建三维图层，直接在时间线窗口选择需要转换为三维属性的图层，点击【3D图层】按钮 ⬡，如图6-1所示。

转换为三维图层后，在图层属性中会增加Z轴参数和材质选项。如图6-2所示，当取消【3D图层】，三维属性也会消失。

图6-1

图6-2

6.1.2 三维坐标

操作三维图层的方式与操作二维图层的方式基本相同，只是在轴向上增加了Z轴向，如图6-3所示。

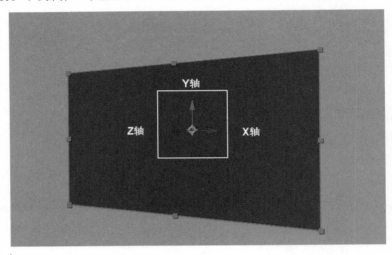

图6-3

在After Effects中对三维坐标的管理，提供三种方式：【本地轴模式】【世界轴模式】【视图轴模式】，如图6-4所示。

图6-4

参数详解：

【 本地轴模式】以图层对象表面作为坐标定位依据，进行对象移动操作。

【 世界轴模式】以三维空间的绝对坐标作为定位依据，进行对象移动操作。X、Y、Z轴坐标始终保持三维空间轴向。

【 视图轴模式】以视图窗口、摄像机视图相对坐标作为定位依据，进行对象移动操作。

6.1.3　三维视图窗口

在三维空间中，为方便操作图层位置，我们可以通过设置视图窗口来查看三维图层在空间中的位置，如图6-5所示。

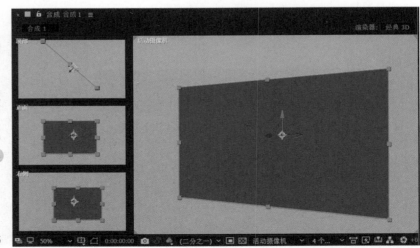

图6-5

1. 选择视图布局

在合成窗口下方点击【视图布局】，选择相应的视图布局，如图6-6所示。

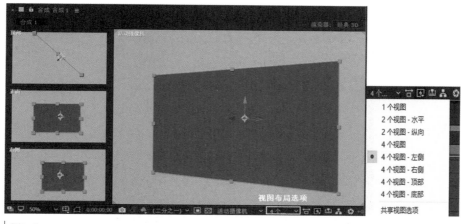

图6-6

2. 3D视图弹出菜单

在合成窗口下方点击【3D视图弹出菜单】，选择相应的视图，如图6-7所示。

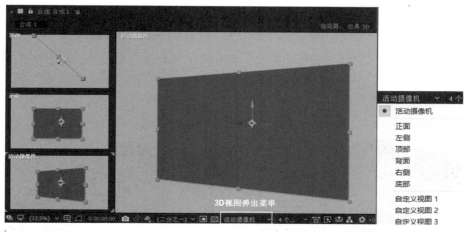

图6-7

小贴士：

自定义视图布局：在完成视图布局后，可以分别对每个窗口设置视图角度，如图6-8所示。

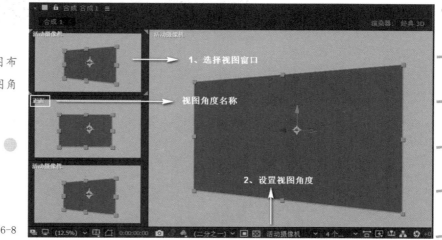

图6-8

6.2 三维图层材质属性

创建三维图层后，在图层属性中增加了【材质选项】。其主要作用是配合灯光图层，设置光照参数，模拟真实三维场景中的光照效果，如图6-9所示。

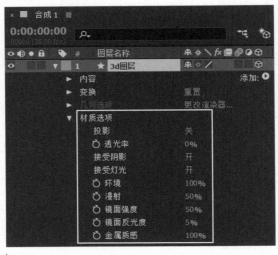

图6-9

参数详解：

【投影】设置三维对象是否投射阴影的开关，包含关、开、仅三种模式。其中关只显示三维对象阴影，三维对象本身不显示，如图6-10所示。

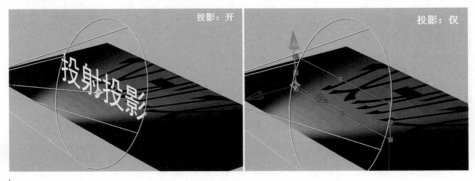

图6-10

【透光率】设置三维对象透光程度，三维对象阴影受对象颜色影响。数值越大，影响越大。

【接受阴影】设置三维对象是否接受其他三维对象阴影投射效果。

【接受灯光】设置三维对象是否受光照影响。选择开启，物体表面受光照颜色、明度影响。

【环境】设置三维对象受空间环境光影响程度。

【漫射】设置三维对象漫反射程度。

【镜面强度】设置三维对象镜面反射的强度。

【镜面反射光】设置镜面反射区域大小。

【金属质感】设置镜面反射的颜色影响。数值越小越接近光照颜色，数值越大越接近物体颜色。

6.3　三维空间摄像机设置

三维空间搭建完成后，需要通过创建摄像机来观察或者控制视角。创建三维摄像机后，通过摄像机可以自由地从任意角度去观察三维场景或者制作摄像机动画，如图6-11所示。

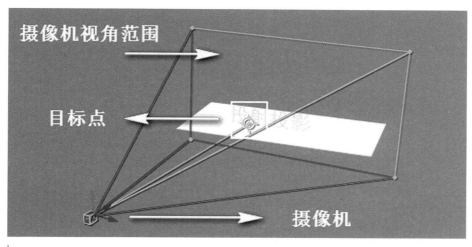

图6-11

6.3.1　设置三维摄像机

创建三维摄像机后，弹出【摄像机设置】对话窗口。具体参数作用在第3章中已经讲解过，本节将对几个重要参数设置效果进行详细讲解。

1. 镜头焦距

设置镜头焦距决定摄像机视角范围的大小，数值越小，视角越广。例如：15mm广角镜头、35mm标准镜头、200mm长焦镜头，如图6-12所示。

图6-12

2. 景深参数设置

勾选启用景深，在聚焦范围内物体清晰呈现，聚焦范围外物体模糊。景深的范围通过【光圈】【光圈大小】【模糊层次】参数来设置。

光圈：参数直接影响聚焦范围外模糊程度。数值越大，模糊程度越高，如图6-13所示。

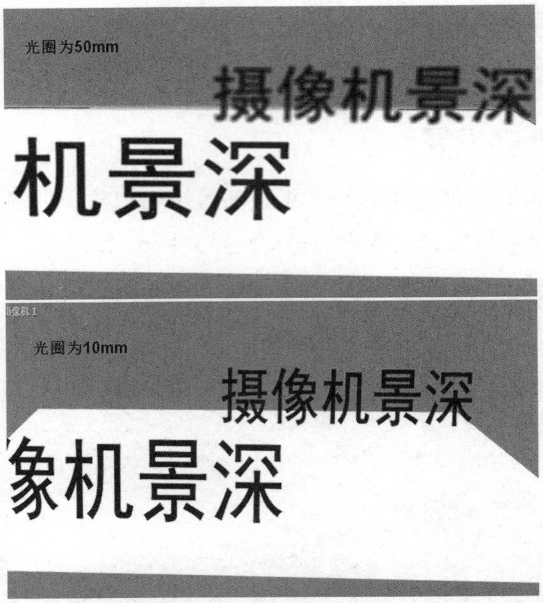

光圈为50mm

摄像机景深

机景深

摄像机 1

光圈为10mm

摄像机景深

像机景深

图6-13

光圈大小：与光圈相关联，随光圈数值变动而改变。

模糊层次：设置景深的模糊程度。数值越大，模糊程度越高。

小贴士：

1. 设置多个三维摄像机后，在合成窗口【视窗弹出菜单】中将当前视图设置为【激活摄像机】；激活摄像机为时间线窗口中位于图层最上面的摄像机；最终渲染效果为激活摄像机视图。

2. 创建三维摄像机后，在时间线窗口双击摄像机图层，可重新设置【摄像机设置】中的参数。

6.3.2 摄像机控制

运用【 📹 摄像机控制工具】来控制摄像机的移动，包含推、拉、摇、移四种运动方式。

1. 推、拉镜头

推镜头的运动方式可以使画面中的物体有变小或变大的效果。实现推、拉镜头效果可以选择两种方式：一种是选中【摄像机控制工具】，按住鼠标右键前后移动鼠标实现镜头推、拉效果；另一种是在【摄像机设置中】改变【缩放】参数来实现，如图6-14所示。

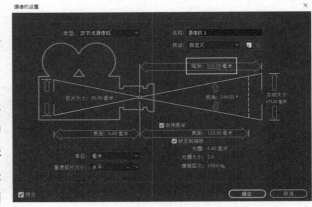

图6-14

2. 摇镜头

摇镜头的运动方式可以保持物体视角不变，以【目标点】或摄像机位置为中心做弧线轨迹运动来模拟摇镜头效果。选中【摄像机控制工具】，按住鼠标左键左右移动鼠标可以实现摇镜头的效果。

3. 移动镜头

移动镜头的运动方式可以在画面中做水平或垂直方向移动。选中【摄像机控制工具】，按住鼠标中键可以实现移动镜头的效果。

6.4　三维空间灯光设置

在After Effects三维合成中，可以通过创建灯光图层来模拟真实世界的光照效果。关于灯光图层的设置，我们通过第3章的学习已经了解了灯光图层的类型。本节主要讲解三维空间中配合【材质选项】设置灯光类型的效果，如图6-15所示。

1. 锥形角度与锥形羽化

聚光灯拥有特有属性，分别调节聚光灯光照范围及明暗交接边缘柔和度，如图6-16所示。

图6-15

图6-16

2. 颜色

设置光源颜色参数，如在同一个三维场景中有多个光源，光照范围相交部分色彩与光混合原理类似，如图6-17所示。

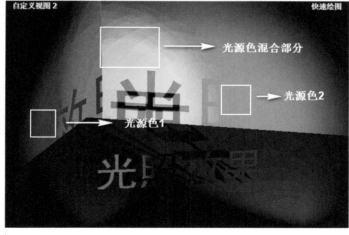

图6-17

3. 阴影深度与阴影扩散

设置阴影的明度与边缘柔和度，如图6-18所示。

图6-18

4. 光照类型

在三维空间中，不同的光源类型产生不同的光照效果，对物体投影、光照范围、光照强度都产生影响。在设置光源类时，根据需要设置一个或多个光源。

小贴士：

1. 在三维空间中创建灯光图层，要产生投影效果需要满足三个基本条件：

①开启灯光图层【投影】。

②开启物体【材质选项】中【投影】。

③光源类型可以产生投影。

2. 当环境光影不产生投影时，光源没有方向性，主要靠调节画面亮度和【材质选项】中【环境】参数配合使用。

3. 在实际制作过程中，渲染输出三维合成可以通过设置阴影分辨率来调节阴影渲染质量以达到预期效果，执行【合成设置】>【3D渲染器】>【选项】设置阴影分辨率，如图6-19所示。

图6-19

6.5　三维空间文字

在三维空间中创建文字，我们可以通过【3D图层】按钮将2D文字图层转换为3D图层。实现三维空间中的字体创建。在After Effects中，文字图层在三维空间中有其特有的三维属性模式，其属性设置模式有特有的工作模式，三维空间中文字图层特有的属性模式称为【逐字3D化】模式，这种模式可以在文字图层中分别为逐个文字添加属性，制作出更为丰富的字体动画效果。

6.5.1　激活【逐字3D化】

选择需要转换的文字图层，展开文字图层属性，点击【动画】添加按钮 ▶ ，选择【启动逐字3D化】，文字图层属性显示【逐字3D化】图标，如图6-20所示。

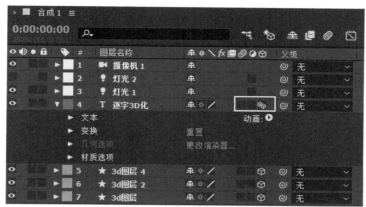

图6-20

6.5.2 【3D化】文字图层属性

激活【启动逐字3D化】的文字图层，不仅可以通过【变换】属性整体控制文字图层属性，还可以为文字图层添加逐字变换属性。

Step1：激活【启动逐字3D化】，设置【变换】属性到预期效果，如图6-21所示。

Step2：选择文字图层属性【动画】添加按钮，添加【旋转】属性。在文字图层属性下出现【动画制作工具】属性，如图6-22所示。

Step3：将Y轴旋转设置为-70°。最终效果如图6-23所示。

图6-21

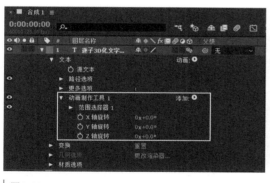

图6-22

图6-23

小贴士：

【启动逐字3D化】后，可以通过【动画】为文字图层添加属性，添加属性可以控制逐个文字效果。在【动画制作工具】后通过【添加】为文字图层添加属性，其效果受【动画制作工具】控制；通过【动画】可再次添加属性，不受先前添加属性【动画制作工具】控制。

6.6 本章实例

6.6.1 实例——三维合成

Step1：打开配套素材【第6章实例>6.6.1文件夹>素材】导入,创建新合成命名为【箭头生长】。时间长度为【5秒】，背景色为【深灰】。

Step2：将【图表】素材拖拽到【时间线】窗口，调整素材大小、位置。执行【发光】滤镜，设置相关参数，具体效果参数如图6-24所示。

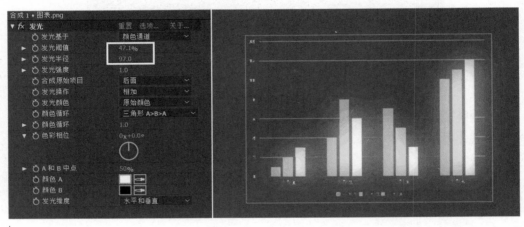

图6-24

Step3：执行【径向擦除】滤镜，制作图表入场动画。在【效果控件】面板设置【过渡】参数，激活关键帧记录器。设置第一帧【过渡】为【100％】；第二帧【过渡】为【0％】，时间间隔为【1秒】，如图6-25、图6-26所示。

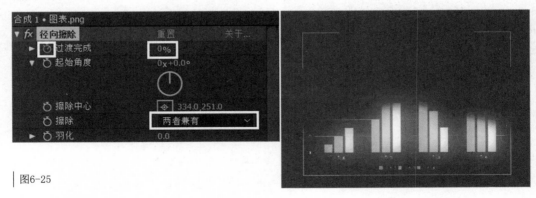

图6-25

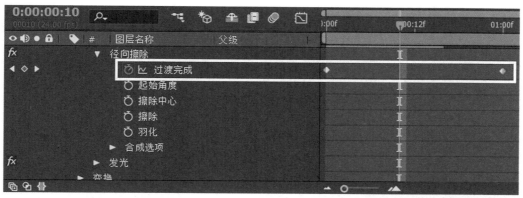

图6-26

Step4：制作箭头生长动画，创建一个新的纯色图层重命名为
【轨迹】。选择【钢笔工具】绘制路径。调节控制点到合适的位
置，如图6-27所示。

Step5：选择【轨迹图层】执行【3D描边】滤镜（3D Stroke）。
设置滤镜参数，在【End】设置2个关键帧，数值为【0—100】，间
隔时间为【2秒】，具体参数如图6-28、图6-29所示。

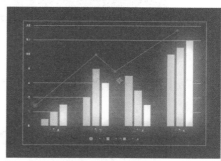

图6-27

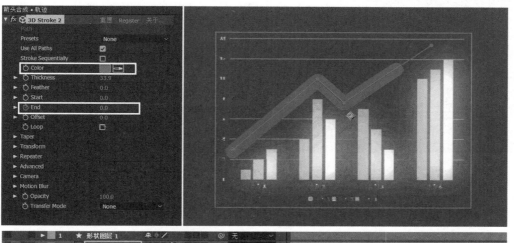

图6-28

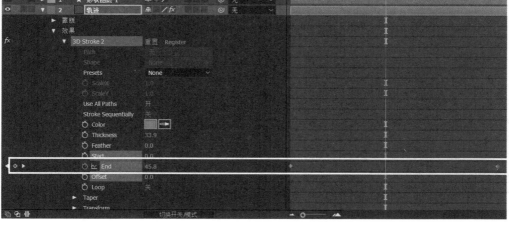

图6-29

Step6：创建一个新【形状图层】，使用【多边形工具】制作一个三角形。设置【点】为【3】，调节三角形在合成中的位置，如图6-30所示。

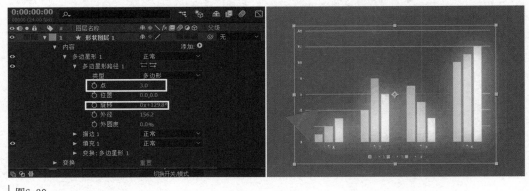

图6-30

Step7：选择【轨迹图层】>【蒙版】>【蒙版路径】，按【Ctrl+C】复制路径。选择【形状图层】>【变换】>【位置】，按【Ctrl+V】粘贴路径，如图6-31所示。

图6-31

Step8：调整三角形【锚点】位置、关键帧速度，使轨迹与三角形位置同步。执行【图层】>【变换】>【自动定向】>【沿路径定向】，如图6-32所示。

图6-32

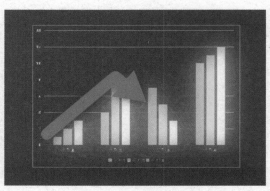

图6-33

Step9：选择【形状图层】【轨迹】图层，执行预合成，重命名为【箭头合成】，执行【发光】滤镜。效果如图6-33所示。

Step10：分别创建【摄像机】图层【灯光】图层；设置【灯光】图层参数；激活【图表】【箭头合成】的3D属性。具体参数如图6-34所示。

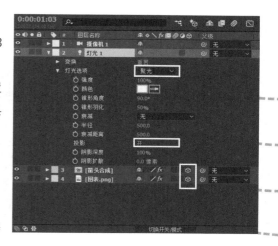

图6-34

Step11：在三维空间中，通过【坐标控制杆】调整【图表】【箭头合成】的空间位置，选择【合成】窗口中的【选择视图布局】>【4视图-左侧】，通过【　摄像机工具】来调整视角，观察静止效果，如图6-35所示。

Step12：设置图层【材质选项】，具体设置如图6-36所示。

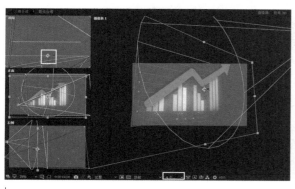

图6-35

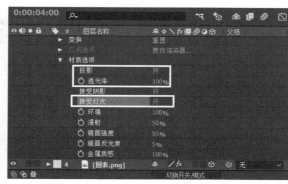

图6-36

Step13：设置【摄像机】动画，激活【位置】【目标点】关键帧记录器，在时间线【1秒】的位置设置关键帧，制作摄像机推镜头动画；在时间线【2秒】的位置设置关键帧，制作摄像机旋转、位移动画。效果如图6-37所示。

图6-37

Step14：设置【箭头合成】在合成中入点位置，将【箭头合成】进度条移到【时间线】2秒的位置，如图6-38所示。

图6-38

Step15：预览效果，输出动画。最终效果如图6-39所示。

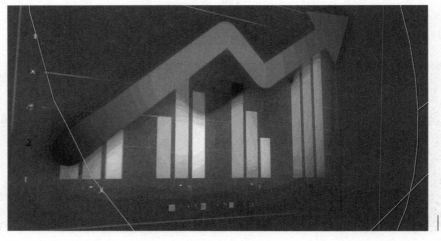

图6-39

实例解析：

本实例主要讲解通过三维图层以及摄像机动画制作箭头生长效果。首先通过3D描边制作箭头生长效果；然后通过三维图层制作背景；最后利用三维摄像机控制镜头。本案例制作难点如下：

①制作路径动画中箭头跟随动画时，需要注意路径粘贴位置为箭头图层位置属性，而不是形状的路径位置属性，如图6-40所示。

图6-40

②注意调节图形中心锚点的位置及复合路径动画的位置，如图6-41所示。

③注意在图层材质选项属性中，灯光需开启投射影，不仅要接受图层需要设置，还要相应地接受光照及投射阴影选项，这样才能看到灯光及投影效果，如图6-42所示。

④设置摄像机动画时，注意要同时选择位置、目标点属性做关键帧动画。

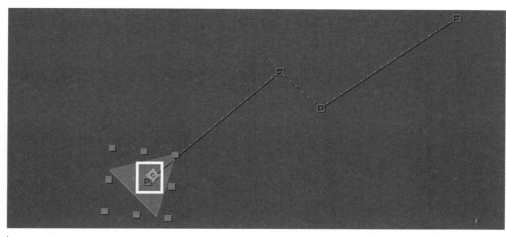

图6-41

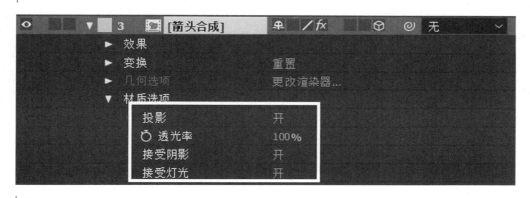

图6-42

6.6.2 实例——逐字3D化

Step1：打开配套素材【第6章实例>6.6.2文件夹>素材】导入，创建新合成命名为【逐字3D】。时间长度为【5秒】、背景色为【浅灰】。

Step2：创建一个【文字】图层，输入"ALIENWARE"设置字体及颜色，调节字体在合成中的位置，如图6-43所示。

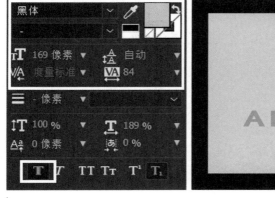

图6-43

Step3：为文字图层添加【发光】滤镜。具体参数如图6-44所示。

Step4：制作文字入场动画，展开【文字图层】属性>【文本】>点击【动画】按钮，点击【启动逐字3D化】。

①点击【动画】，依次添加【位置】【缩放】属性。【文字图层】出现【动画制作工具】，调节【位置】【缩放】属性参数。具体参数如图6-45所示。

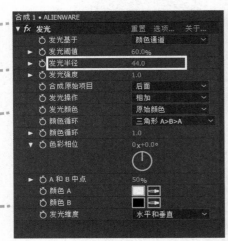

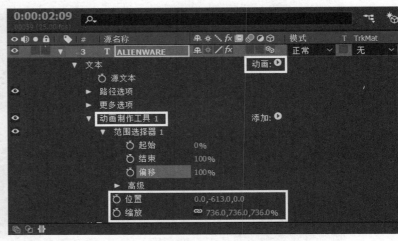

图6-44

图6-45

②展开【范围选择器1】，激活【偏移】属性关键帧记录器，在时间线【0秒】【2秒】分别设置关键帧，【偏移】属性数值分别为【0%】【100%】，如图6-46所示。

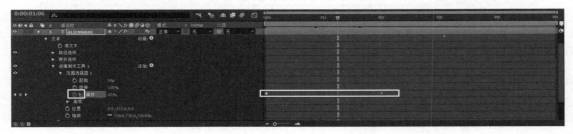

图6-46

Step5：拖拽【外星人】素材到时间线窗口，调节在合成中的位置、大小，如图6-47所示。然后【预合成】使素材尺寸适合合成尺寸。

图6-47

Step6：选中【外星人】图层，执行【shine】扫光滤镜。具体参数如图6-48、图6-49所示。

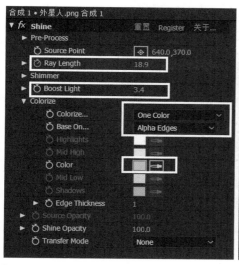

图6-48

图6-49

Step7：激活【shine】滤镜中【Ray Length】属性关键帧记录器，添加两个关键帧数值分别为【59】【0】；时间间隔为【1秒】。将【文字图层】进度条移动到时间线【1秒19帧】位置，如图6-50所示。

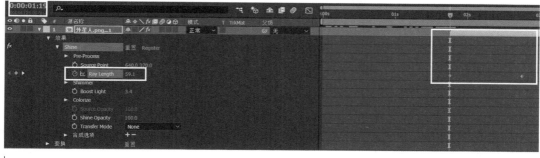

图6-50

Step8：为合成制作暗角效果，创建【纯色】图层，颜色为【灰色】。选择【椭圆形工具】创建一个遮罩，勾选【反转】、调整【羽化值】，如图6-51、图6-52所示。

Step9：预览效果，输出动画。

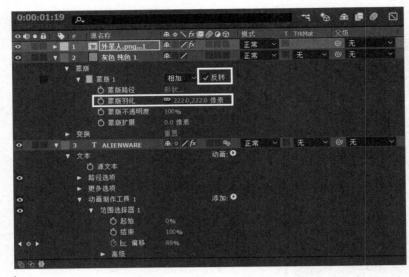

图6-51

图6-52

实例解析：

本实例主要讲解利用【逐字3D化】制作文字入场效果。本案例制作难点如下：

①注意区别【3D化】与【逐字3D化】的区别，【逐字3D化】是文本图层特有属性，图标与图层三维化不同，启动方式也不同，在制作过程中要注意区分，如图6-53所示。

②在制作文字入场动画中，文本动画属性的控制关系要区分清楚。通过【文本】旁边【动画】按钮添加动画属性后，出现【动画制作工具1】；再通过【动画制作工具1】旁边的【添加】为【动画制作工具1】填加动画属性，其层级下所有属性都受【范围选择器1】控制；再次通过【文本】旁边【动画】按钮添加动画属性后，出现【动画制作工具2】，其层级下的动画属性不受【范围选择器1】控制，如图6-54所示。在制作过程中通过添加多个【属性】及【动画制作工具】可以创建丰富生动的文字动画效果。

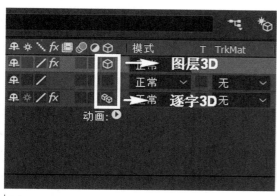

图6-53

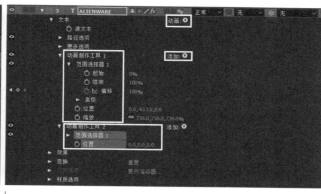

图6-54

本章小结：

本章主要讲解了三维图层的相关知识。三维图层的知识相对复杂但却非常重要，在大型片头包装中经常需要三维图层的参与，熟练掌握三维图层的知识也是后期特效进阶的重要基础。通过本章的学习，主要应了解掌握以下知识要点：

1. 三维图层。三维图层中属性的运用需要我们熟练掌握，如何控制好三维空间中的操作是重点。特别是关于材质属性的认识以及如何配合灯光图层设置材质属性，需要多加练习才能掌握。

2. 摄像机。灵活运用摄像机动画可以为合成添加丰富的视觉效果，同时通过摄像机还可以创建出景深效果。

3. 文字三维属性。逐字3D化是文字动画的高级属性，熟练运用可以创建出丰富的文字入场效果，本章应用一个实例来讲解基本操作，只是起到一个抛砖引玉的作用，后续更深入地学习可以通过网络来进一步了解更为复杂的文字动画。

第 7 章　色彩校正

本章学习要点：

　　1. 了解色彩校正的作用。

　　2. 掌握对图像进行色彩校正的方法。

　　3. 了解直方图的信息。

　　4. 掌握常用色彩校正滤镜的应用技巧。

　　在制作特效合成与处理图像视频素材时，经常需要对其进行色彩校正，使图像达到预期效果。在对图像进行色彩校正时，主要对图像的明度、对比度、色相、饱和度等进行处理。

　　After Effects中自带多种色彩校色滤镜效果，部分滤镜的使用与Photoshop、Premiere等软件滤镜相似，在此不做过多的阐述。本章主要挑选在实际制作过程中较为常用的滤镜特效进行讲解。

7.1 图层施加滤镜的常用方法

7.1.1 通过【时间线窗口】添加滤镜效果

　　在时间线窗口选择需要调整的图层，单击鼠标右键弹出图层菜单，选择【效果】>【色彩校正】出现二级目录，选择相应色彩滤镜完成滤镜添加，在效果控件窗口调节滤镜参数，如图7-1所示。

图7-1

7.1.2 通过【效果与预设】窗口添加滤镜效果

在【效果与预设】窗口搜索栏 🔍 输入滤镜名称，按住鼠标左键拖拽选定滤镜至需要添加滤镜的图层完成滤镜添加，在效果控件窗口调节滤镜参数，如图7-2所示。

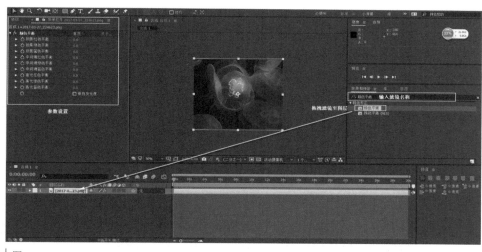

图7-2

7.2 常用色彩校正滤镜

7.2.1 色阶滤镜

该特效主要用于调整图像的亮部、暗部、中色调，在实际操作中主要用于修正曝光、对比度。滤镜效果对比如图7-3所示。

效果具体参数如图7-4所示。

图7-3

图7-4

参数详解：

【通道】选择图像的通道属性，包括RGB、红、绿、蓝、Alpha通道。

【直方图】显示图像中像素的分布。

【输入黑色】设置图像中的黑色阈值。

【输入白色】设置图像中的白色阈值。

【灰度系数】控制图像中间色调。

【输出黑色】设置暗部范围。

【输出白色】设置亮部范围。

小贴士：

如何读懂直方图？ 直方图在对图像进行色彩校正时非常重要，它是图像质量、明暗分布、色彩分布最为直观的体现。读懂直方图可以更为准确地发现图像的缺陷，从而有目的地进行色彩校正，如图7-5所示。

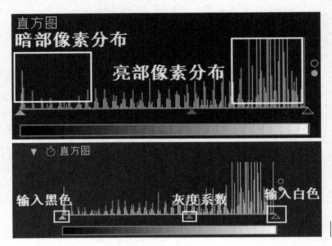

图7-5

1. 图像整体为暗调的直方图信息，如图7-6所示。通过直方图我们可以更直观地发现大量像素分别在直方图左侧暗部信息区域，左侧亮部区域像素分布很少。

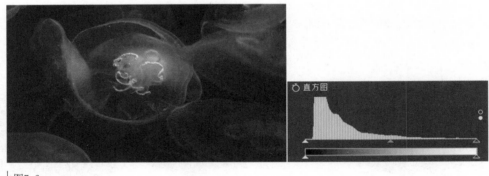

图7-6

2. 图像整体反差较高的直方图信息，如图7-7所示。通过直方图我们可以更直观地发现亮部与暗部区域像素分布相

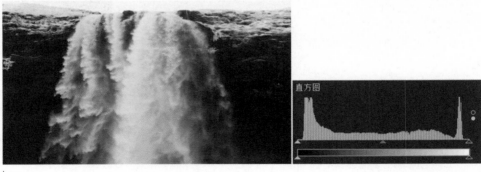

图7-7

当，灰部区域分布较平均，说明图像整体反差较高，灰度变化丰富。

　　3. 通过直方图分析图像质量。直方图中间出现像素空白缺口，说明图像质量损失严重；高质量图像，直方图像素分布密集没有像素空白缺口，如图7-8所示。

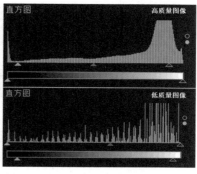

图7-8

7.2.2　曲线滤镜

　　通过曲线滤镜可以调节画面对比度以及各通道的色调范围，该滤镜可以更为自由地调剂画面的对比度和色调范围，在实际制作中利用率非常高，滤镜效果如图7-9所示。

　　效果具体参数如图7-10所示。

图7-9

参数详解：

　　【通道】选择调节的通道选项，包括：RGB、红、绿、蓝、Alpha通道。不同通道曲线由相应颜色曲线表示。

　　【 N 曲线工具】在曲线上添加节点。

　　【 铅笔工具】可以自由绘制曲线。

　　【平滑】将曲线转换为平滑效果。

　　【自动】滤镜自动生成曲线，调节画面效果。

　　【打开】导入已保存曲线设置。

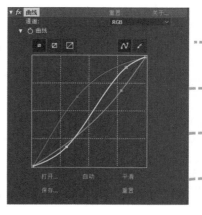

图7-10

7.2.3　色相/饱和度滤镜

　　该滤镜主要调节图像色相与色彩饱和，也可控制整体图像色调或者制作单色效果。在实际制作中也用于替换颜色等。使用滤镜效果对比，如图7-11所示。

效果具体参数如图7-12所示。

图7-11

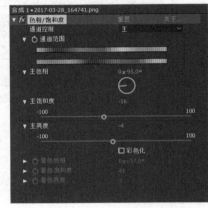
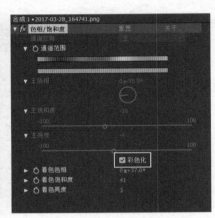

图7-12

参数详解：

【通道控制】对图像色彩通道进行设置。

【通道范围】该通道图像显示的色彩范围，上方色彩范围为调整前，下方色彩范围为调整后。方便对比查看调整的色彩范围。

【主色相】设置图像主色调。

【主饱和度】设置图像颜色浓度。

【主亮度】设置图像颜色亮度。

【彩色化】勾选其选项，可以将彩色图像转化为单色图像或将黑白图像着色。

【着色色相】调整着色后色调。

【着色饱和度】调整着色后颜色浓度。

【着色亮度】调整着色后颜色亮度。

7.2.4 颜色平衡滤镜

颜色平衡滤镜主要通过调节红、绿、蓝分别对高光、阴影、中间调进行控制，常用于对图像进行精细的色调条件。使用滤镜效果，如图7-13所示。

图7-13

效果具体参数如图7-14所示。

参数详解：

【阴影红/绿/蓝平衡】控制阴影颜色范围。

【中间调红/绿/蓝平衡】控制中间调颜色范围。

【高光红/绿/蓝平衡】控制高光颜色范围。

【保持发光度】勾选此选项保持图像颜色亮度。

图7-14

7.2.5 保留颜色滤镜

该特效可以保留指定颜色，将其他颜色转变为灰色。在实际制作中，可以用于突出主体的效果，常与对比度、色相饱和度结合使用。使用滤镜效果对比，如图7-15所示。

图7-15

效果具体参数如图7-16所示。

参数详解：

【脱色量】设置保留颜色的色彩饱和度。数值越大，饱和度越低。要保留的颜色，通过 吸取要保留颜色。

图7-16

【容差】设置保留颜色的色彩范围，数值越大保留颜色范围越大。

【边缘柔和度】设置保留颜色的边缘柔和程度。

【匹配颜色】设置匹配颜色的色彩模式，包含RGB、使用色相两种模式。

7.2.6 CC Color Offset（色彩偏移）

该滤镜通过红/绿/蓝通道相位进行调节。使用滤镜效果对比如图7-17所示。

效果具体参数如图7-18所示。

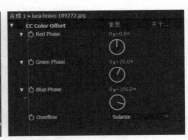

图7-17　　　　　　　　　　　　　　　　　　　　　　　　　图7-18

参数详解：

【Red / Green / Blue Phase】调节红/绿/蓝色彩相位。

【Overflow（溢出）】设置色彩相位填充方式，包括：Warp（弯曲）、Solarize（曝光）、Polarize（偏振）三种方式。

7.2.7 CC Toner（CC 调色）

该滤镜可以通过对中间色、阴影、高光颜色的变更来调节画面颜色，可以通过吸管工具  吸取颜色进行颜色变更。使用滤镜效果对比如图7-19所示。

效果具体参数如图7-20所示。

图7-19　　　　　　　　　　　　　　　　　　　　　　　　　图7-20

参数详解：

【Toner（调色）】设置调色模式。包含：Duotone（双色调色）、Tritonge（三色调色）、Pentone（混合调色）、Solid（固体调色）四种模式。

【Highlights（高光）】设置高光颜色。

【Brights（亮部）】设置亮部颜色。

【Midtones（中间调）】设置中间色调颜色。

【Darktones（暗部）】设置暗部颜色。

【Shadows（阴影）】设置阴影颜色。

【Blend w / Original（混合状态）】用来设置变更颜色与原图像混合程度，数值越高混合度越低。

7.2.8 广播颜色滤镜

该滤镜效果可以降低图像的亮度与饱和度至播放安全级别，使合成在电视上播放可以正确显示，可根据制作合成的播放领域选择该滤镜效果。使用滤镜效果如图7-21所示。

图7-21

效果具体参数如图7-22所示。

图7-22

参数详解：

【广播区域设置】选择广播制式，分为PAL、NTSC两种。我国广播制式为PAL。

【确保颜色安全的方式】选择安全模式，包括：降低明亮度、降低饱和度、抠出不安全区域、抠出安全区域四种方式。

【最大信号振幅】设置图像信号的安全范围，超出部分将被选择的安全方式更改。

7.2.9 曝光度滤镜

该滤镜可以调整图像的曝光度，也可以通过通道方式对图像曝光度进行调节。使用特效滤镜效果如图7-23所示。

效果具体参数如图7-24所示。

图7-23

图7-24

参数详解：

【通道】通过图像颜色通道调整曝光度。

【曝光度】设置图像曝光程度。

【偏移】设置曝光度范围。

【灰度系数校正】设置整体图像灰度系数，控制图像整体明暗。

7.2.10 颜色链接

可以读取源图层颜色信息叠加在图像上，改变图像的色调。通过设置透明度来设置对图像颜色影响大小，也可以通过图层叠加模式控制图像颜色。使用滤镜效果如图7-25所示。

效果具体参数如图7-26所示。

图7-25　　　　　　　　　　　　　　　　　　　　　　　　　　　　图7-26

参数详解：

【源图层】选择颜色信息的来源，可以设置成图像本身，也可以是其他图像源。

【示例】选择源图层颜色信息类型。

【剪切】设置调整的程度。

【不透明度】设置覆盖颜色的透明度。

【混合模式】设置覆盖颜色与图像的混合模式与图层叠加模式效果类似。

7.3 本章实例

7.3.1 实例——色彩变化

Step1：打开配套素材【第7章实例 > 7.3.1文件夹 > 素材】导入,创建新合成命名为【色彩变化】，时间长度为【5秒】。

Step2：【选中导入的素材图片 > 效果 > 颜色校正 > 颜色平衡】，在时间轴的初始点打开【关键帧】，在时间轴【1秒】处更改参数，设置另一个关键帧，如图7-27、图7-28所示。

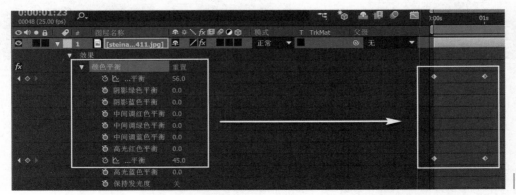

图7-27

图7-28

Step3：添加【效果 > 颜色校正 > CC Color Offset】，打开关键帧，调节参数，设置颜色，如图
7-29、图7-30所示。

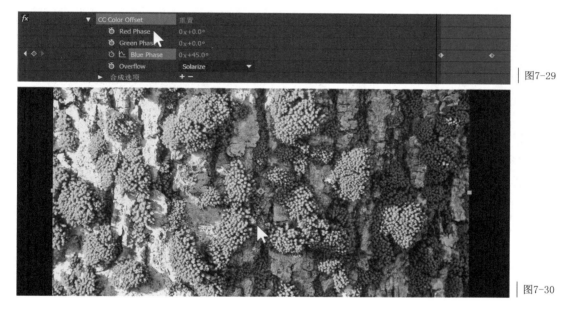

图7-29

图7-30

Step4：添加【效果 > 颜色校正 > CC Toner】，打开关键帧，调整参数设置，如图7-31至图7-33所示。

Step5：按数字键【0】，预览效果，输出动画。

图7-31

图7-32

图7-33

实例解析：

本实例主要讲解通过【颜色平衡】【CC Color Offset】【CC Toner】制作颜色变换效果。本实例制作难点如下：

①打开关键帧开关之前，确定关键帧的摆放位置，避免出现颜色突然跳跃变化。

②CC Toner中（类似很多效果中），参数数值越大越接近原图色彩，与其他常见参数值相反。

7.3.2 实例——色相饱和度替换颜色

Step1：打开配套素材【第7章实例 > 7.3.2文件夹 > 素材】导入,创建新合成命名为【替换颜色】，时间长度为【5秒】。

Step2：【选中导入的素材图片 > 效果 > 颜色校正 > 色相/饱和度】，在时间轴的初始点打开【关键帧】。【通道控制】命令选择调整颜色区域，选择【黄】，在时间轴【2:12】处调整【色相】【饱和度】【亮度】，设置另一个关键帧。如图7-34至图7-37所示。

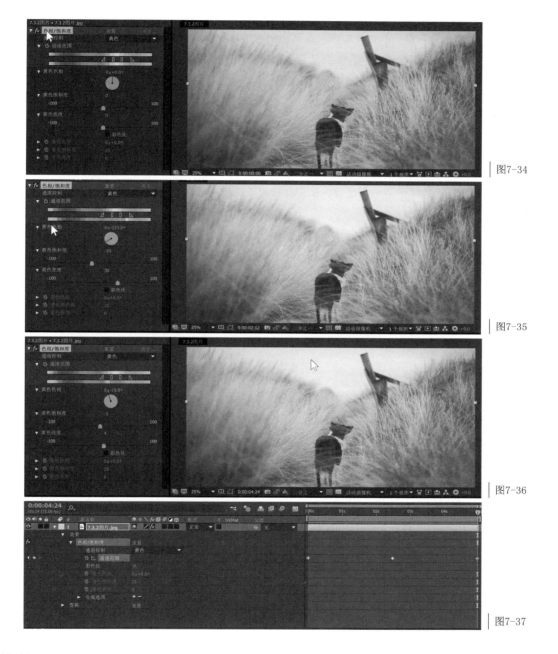

图7-34

图7-35

图7-36

图7-37

实例解析：

本实例主要讲解利用【色相/饱和度】滤镜替换画面颜色。本实例制作难点如下：

①在【通道范围】中，上一排为调整前色域，下一排为显示调整后。

②如果是颜色变化很少的素材，也可以用【更改颜色】来变换色相。

本章小结：

本章主要讲解了有关色彩校正的相关知识。在影视后期中几乎都需要对原始影像素材进行色彩校正，以达到预期的影像色调效果，这也是在影视后期中，特别是在视频素材中比较重要的一环。通过本章的学习，主要应了解掌握以下知识要点：

1. 直方图。包含素材的原始明度、通道信息；直观准确地反映出素材的原始信息，这是进行色彩校正的原始依据。

2. 色彩平衡滤镜。常用的色彩校正滤镜，在校正细节区域的颜色方面效果非常优秀，但要注意调节时数字不宜过大。

3. 色相饱和度。校正整体色调常用滤镜，使用比较简单，但不要忘记替换色调的高级应用，有时可以为制作节省大量时间。

4. 曲线滤镜。在调节对比度方面，曲线滤镜比亮度、对比度滤镜调节更为灵活方便，而且还可以对一定明度范围的对比度进行调节，应该熟练掌握。其运用技巧与Photoshop曲线相同。

第 8 章　抠像技术

本章学习要点：

1. 了解抠像技术的拍摄条件。

2. 掌握Keylight滤镜抠像技巧。

3. 掌握颜色范围滤镜抠像技巧。

4. 了解抠像滤镜组应用范围。

在特效合成制作中，经常会需要将素材主体从背景中分离出来。将分离出来的主体放入新的场景中。如果素材是静态图像，我们可以通过蒙版遮罩或创建带透明通道信息的图像来实现。但如果素材是动态影像，我们通过蒙版遮罩一帧一帧地制作，其工作量巨大。这时就需要通过抠像技术来实现主体与背景的分离。在After Effects中，我们可以通过抠像滤镜组来实现动态影像的背景抠除。抠像技术在影视特效领域应用广泛，如特效大片《阿凡达》《变形金刚》《魔戒》等都大量应用抠像技术。

小贴士：

实际拍摄抠像素材时，有几点需要在拍摄过程中注意：一是拍摄素材的质量直接决定了抠像效果的质量，在拍摄素材时尽量使用高清晰度的摄像设备进行素材拍摄，并且尽量选择无压缩的视频素材。二是抠像对拍摄环境有较高的要求，特别是环境光，在布光时要使环境背景和主体达到最好的色彩还原度，减少多余的环境阴影。三是在拍摄抠像素材时最好使用专业的蓝色、绿色背景幕布。

8.1　抠像滤镜组

在After Effects中，抠像技术的实现是通过定义图像中的色彩范围、明度信息等来获取透明通道。在实际制作中，可以根据图像特点应用不同的抠像滤镜，也可以运用多个抠像滤镜来实现预期效果。在抠像滤镜组中包含多种滤镜，如图8-1所示。其中较为常用的抠像滤镜有色彩范围滤镜、色彩差异键滤镜、Keylight（键控）1.2滤镜。对素材图层施加滤镜的方法与添加其他特效滤镜方法相同，本章主要就抠像滤镜组中常用的抠像组件进行讲解。

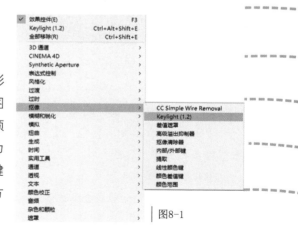

图8-1

8.2　Keylight（键控）滤镜

Keylight（键控）滤镜多用于抠除含有半透明、毛发、色彩分布不均的素材，通过溢出控制等命令可以很好地控制素材边缘溢出杂色。使用该滤镜效果，如图8-2、图8-3所示。

参数详解：

【View(查看方式)】用来切换抠像效果查看方式，点击 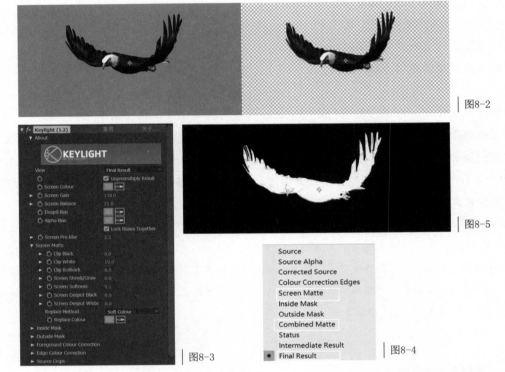 按钮可打开下拉菜单，选择查看方式，如图8-4所示。

【Screen Matte（屏幕蒙版）】以蒙版显示效果查看。黑色为透明区域，白色为不透明区域，灰色为半透明区域。效果如图8-5所示。

图8-2

图8-3

图8-5

图8-4

【Combined Matte（合并蒙版）】合并后的蒙版效果。如果素材有多个蒙版则显示合并后效果。如果只有单一蒙版，显示效果与【Screen Matte】类似。

【Final Result（最终结果）】显示抠像后的最终效果。

【Screen Colour(屏幕色)】对需要抠除的颜色进行取样，点击吸管工具  ，在合成窗口进行取样。取样颜色将显示为透明。

小贴士：

屏幕色吸取颜色的明度直接影响最终抠像效果，如取样效果不满意，可以重置滤镜，进行多次取样，直至达到预期效果。

图8-6

【Screen Gain（屏幕增益）】设置【屏幕色】抠除范围，数值越大被抠除颜色越多。

【Screen Balance（屏幕平衡）】通过RGB通道控制主要颜色的饱和度，用于控制白色区域内的灰色半透明区域，如图8-6所示。

【Screen Pre-blur（屏幕预模糊）】控制抠像对象的边缘清晰度以及素材噪点。

【Screen Matte（屏幕蒙版）】控制蒙版细节效果。

设置参数如图8-7所示。

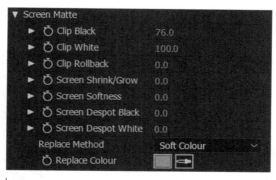

图8-7

【Clip Black（剪切黑色）】控制抠像对象黑色输出，控制扣除背景区域黑色输出。

【Clip White（剪切白色）】控制抠像对象白色输出，控制保留区域中白色输出。

【Clip Rollback（剪切消减）】控制抠像对象边缘轮廓形状。

【Screen Shrink/Grow（屏幕收缩/扩张）】控制抠像对象蒙版范围。

【Screen Softness（屏幕柔化）】控制蒙版的柔和程度。

【Screen Despot Black（屏幕独占黑色）】控制抠像对象白色区域内黑色。

【Screen Despot White（屏幕独占白色）】控制抠像对象黑色区域内白色。

【Replace Colour（替换颜色）】控制透明区域颜色溢出。

【Replace Method（替换方式）】设置透明区域颜色溢出方式。

【Inside/Outside Mask（内部/外部遮罩）】设置蒙版内部与外部隔离区域，对抠像素材颜色分布不均匀时使用。

设置参数如图8-8所示。

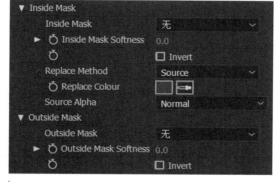

图8-8

小贴士：

　　Keylight（键控）滤镜在抠除轮廓复杂、颜色分布不均匀的图像素材中有很好的效果。在抠除动态素材的背景时，如果某一帧或一段图像出现抠除不理想的现象时，可以通过在相应命令设置关键帧来对抠除效果进行微调。

8.3　颜色范围滤镜

　　颜色范围滤镜通过指定色彩范围抠除颜色。该抠除滤镜可以通过Lab、YUV、RGB色彩空间进行设置，对抠除光影不均等抠除素材十分有效，如图8-9、图8-10所示。

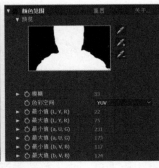

图8-9　　　　　　　　　　　　　　　　　　　　　　　　　　　　　　　　　　　图8-10

参数设置：

　　【预览】查看抠除最终效果，如图8-11所示。

　　【模糊】调整边缘的柔滑度，可以对抠像对象轮廓进行收缩去除杂色边缘。

　　【色彩空间】制定色彩空间模式，包括Lab、YUV、RGB。

　　【最小值/最大值（L,Y,R）】设置相应色彩空间中第一个色彩通道的数值。

图8-11

　　【最小值/最大值（a,U,G）】设置相应色彩空间中第二个色彩通道的数值。

　　【最小值/最大值（b，V,B）】设置相应色彩空间中第三个色彩通道的数值。

小贴士：

　　Lab模式：L表示明度通道。另外两个是色彩通道，a通道包括的颜色是从深绿色（低亮度值）到灰色（中亮度值）再到亮粉红色（高亮度值）；b通道则是从亮蓝色（底亮度值）到灰色（中亮度值）再到黄色（高亮度值）。因此，这种色彩混合后将产生明亮的色彩。

　　YUV模式：Y表示明亮度，U和V则是色度、浓度。

　　RGB模式：RGB色彩就是常说的三原色，R代表Red（红色），G代表Green（绿色），B代表Blue（蓝色）。

　　在实际制作过程中，色彩范围滤镜经常和溢出控制器滤镜配合使用。

8.4　颜色差异键滤镜

颜色差异键滤镜通过设置A、B蒙版信息创建α蒙版，通过α蒙版设置图像素材的透明区域。颜色差异键滤镜可以精确设置透明信息，特别适合抠除烟、雾、阴影等图像的素材，如图8-12、图8-13所示。

参数详解：

【预览】：查看A\B\α蒙版及原图效果，如图8-14所示。

图8-12

图8-14

图8-13

【视图】在合成窗口查看不同模式抠除效果，包含9种查看方式。

【主色】设置抠除背景颜色。

【颜色匹配准确度】设置颜色匹配的精度，包含：更快、更准确两种模式。

【黑色/白色区域的A部分】控制蒙版A的透明与不同区域。

【A部分的灰度系数】控制素材的灰度范围。

【黑色/白色区域外的A部分】控制蒙版A的透明与不透明区域的不透明度。

【黑色区域中的B部分】控制蒙版B的透明区域。

【白色区域中的B部分】控制蒙版B的不透明区域。

【B部分的灰度系数】控制蒙版B的灰度范围。

【黑色/白色区域外的B部分】控制蒙版B透明与不透明区域的不透明度。

【黑色/白色遮罩】整体控制透明通道的透明与不透明范围。

【遮罩灰度系数】整体控制透明通道的灰度范围。

小贴士：

在实际制作中，对【颜色匹配准确度】设置选择【更快速】就可以达到预期效果。另外需要注意的是，采样颜色时不同明度信息对最终抠除结果影响很大，如效果不满意可多次采样。

8.5　内部/外部键滤镜

内部/外部键滤镜特别适合抠除轮廓边缘复杂、不平滑的图像素材。例如：毛发、羽毛等。该滤镜通过创建内外两个遮罩，根据像素信息差异定义抠除部分，如图8-15、图8-16所示。

图8-15　　　　　　　　　　　　　　　　　　　　　　　　　　　图8-16

参数详解：

【前景（内部）】用来指定绘制的前景内部遮罩。

【背景（外部）】用来指定绘制的背景外部遮罩。

【其他背景】用来指定绘制的其他背景遮罩。

【单个蒙版高光半径】当只有一个遮罩时，设置轮廓清除范围。

【清理前景】清除图像前景遮罩背景色。

【清理背景】清除图像背景遮罩背景色。

【薄化边缘】设置图像边缘的扩展与收缩。

【羽化边缘】设置图像边缘的羽化程度。

【边缘阈值】设置图像边缘容差值。

小贴士：

在绘制前景遮罩时，遮罩轮廓尽量贴近素材实体边缘；在绘制背景遮罩时，尽量贴近素材，如毛发的外部边缘；同时配合溢出控制器滤镜可以达到更好的效果。

8.6　高级溢出控制器滤镜

高级溢出控制器滤镜可以去除抠除后残留的背景色及消除图像边缘溢出的背景色，主要用于清除背景色在主体上的反光色，如图8-17所示。

图8-17

参数详解：

【抑制】设置抑制抠除背景色的强度。

【抠像颜色】定义抠除的杂色。

8.7 本章实例

8.7.1 实例——抠像合成

Step1：打开配套素材【第8章实例>8.7.1文件夹>素材】导入,在【项目】窗口图拽【抠像】素材到【合成】　　　按钮，以【抠像】素材的视频大小及时间长度创建一个合成。

Step2：选择【抠像】图层，执行【Keylight（1.2）】滤镜，用吸管工具吸取需要抠除的颜色，然后将【View】模式改为【Screen Mtte】模板模式，调节滤镜属性参数。具体参数如图8-18所示。

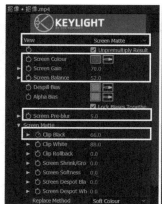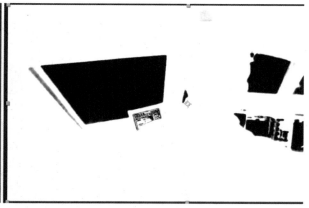

图8-18

Step3：拖动时间线浏览整个素材，检查是否有抠像不干净或者缺失部分。在时间线【6秒13帧】位置，素材抠除不干净，如图8-19所示。需要通过对滤镜参数设置关键帧改变当前帧抠像参数。在【Screen

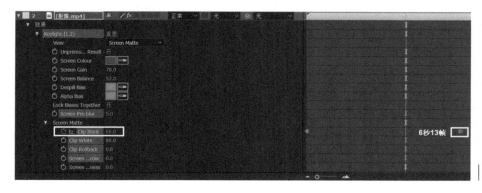

图8-19

Matte】>【Clip Black】激活关键帧，在【6秒13帧】位置设置关键帧，将关键帧属性更改为【定格关键帧】，如图8-20、图8-21所示。

未扣除干净的半透明区域

设置关键帧调节
参数后效果

图8-20   图8-21

　　Step4：抠像完成后，在视频中控制台、窗口部分仍有许多抠除不干净以及穿帮位置，需要通过制作遮罩动画进行后期修饰。

　　①选择【抠像】图层，使用【钢笔工具】。在驾驶舱左侧玻璃部分绘制遮罩，在【6秒12帧】位置，【蒙版路径】属性设置关键帧，双击【形状】将遮罩尺寸改为【0】，如图8-22所示。关键帧属性改为【定格】，如图8-23、图8-24所示。

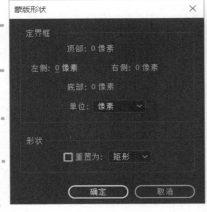

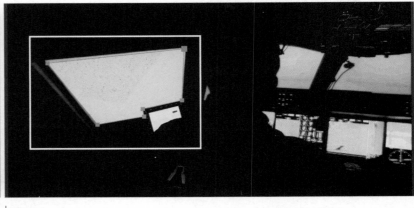

图8-22   图8-23

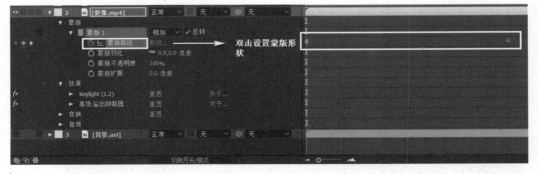

图8-24

②制作控制台遮罩动画。复制【抠像】图层，删除【抠像】滤镜，放置在【抠像】图层上方重命名为【面板】，使用【钢笔工具】绘制两个遮罩，如图8-25所示。分别在两个【蒙版】设置遮罩动画，激活关键帧，逐帧观察视频，调整遮罩形状，最后将两个【蒙版】的关键帧属性设置为【定格】，如图8-26所示。

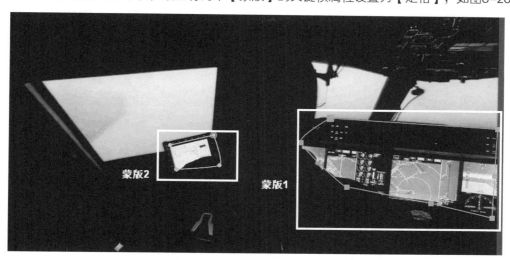

图8-25

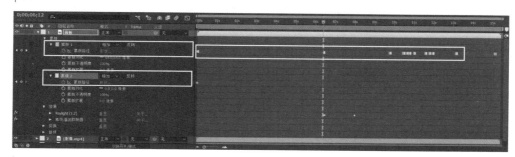

图8-26

Step5：将【背景】素材拖拽到时间线窗口，选择【背景】图层，移动进度条到合适位置。如图8-27、图8-28所示。

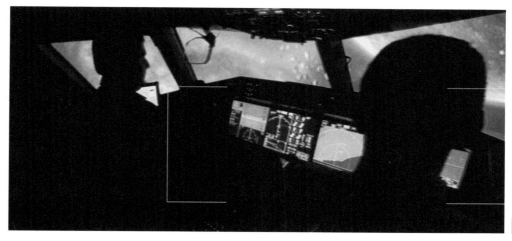

图8-27

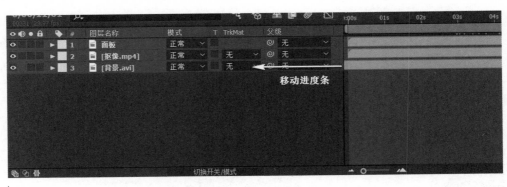

图8-28

Step6：选择【抠像】图层，执行【高级溢出控制器】，消除边缘抠像杂色，具体设置参数如图8-29所示。

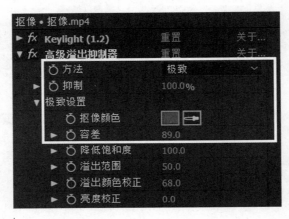

图8-29

Step7：按数字键【0】，预览动画效果，最后输出动画。

实例解释：

本实例主要讲解【Keylight（1.2）】滤镜抠像技巧以及通过遮罩动画修饰抠像瑕疵。本实例制作难点如下：

①键控参数需要根据抠像效果进行适当调节，通过设置关键帧来改变键控的参数变化，并且需要将关键帧属性设置成【定格】，这样设置的效果使两个关键帧之间不会自动生成动画，参数不会改变，直到特定关键帧数值发生改变。

②通过键控滤镜拾取抠像颜色，如果第一次采样效果不满意，可以多次采样。抠像效果需通过【屏幕蒙版】模式来观察，特别注意灰色半透明区域的抠除。

③对于拍摄效果较差的素材，需要通过遮罩动画来弥补抠像效果不足以及穿帮的部分。在制作遮罩动画时需要逐帧观察，实时调整遮罩的形状。

本章小结：

本章主要讲解了抠像技术的基础应用。熟练运用抠像滤镜，熟悉各滤镜的抠像特点，需要经过大量地练习才能实现，同时抠像效果的好坏也依赖于前期素材的拍摄效果，所以在拍摄抠像素材时，要了解绿幕拍摄的基本条件。通过本章的学习，主要应了解掌握以下知识要点：

1. 抠像。对于抠像技术，最为重要的不是抠像滤镜的使用技巧，而是抠像素材的拍摄条件。均匀的布光、清晰的素材、标准的绿幕是抠像的前提，这一点需要我们特别注意。

2. 抠像效果。检查抠像效果要学会运用蒙版模式来查看抠像结果。许多抠像瑕疵在RGB模式下不容易被检查出来。

3. Keylight滤镜。该滤镜抠像效果好，应用范围广，是本章的重点内容。

4. 其他滤镜。keylight滤镜功能虽然很强大，但其他滤镜在处理特定素材时也很有效，可以大大减少抠像的难度和时间。

第 9 章　运动跟踪技术

本章学习要点：

    1. 了解运动跟踪技术原理。

    2. 掌握跟踪点的设置技巧。

    3. 掌握运动跟踪不同类型的使用技巧。

    运动跟踪技术在后期特效制作过程中，特别是对实拍动态素材的特效制作时，应用频率很高。所谓的运动跟踪就是对素材中某个或者几个区域运动轨迹进行跟踪，再将跟踪的轨迹转换为路径，自动生成关键帧动画，用来匹配素材中跟踪对象的移动，本章将详细地讲解运动跟踪技术的运用。

9.1 运动跟踪前期准备及应用范围

    为了使运动跟踪发挥更好的效果，在前期拍摄过程中就要有意识地为后期制作做好准备。

    首先，在素材中跟踪对象与周围环境有较强烈的对比；其次，拍摄环境布光要能清晰地显示跟踪物体的边缘轮廓；最后，跟踪对象在运动过程中没有较大的变化。

    运动跟踪技术主要应用在以下三个方面：

    ①为动态素材添加与素材运动轨迹匹配的特效素材，如行驶汽车添加光线、粒子特效等。

    ②将跟踪数据应用到其他素材图层属性中，如为声音图层添加跟踪数据，模拟真实动态音效。

    ③稳定实拍动态素材的摇晃镜头。

    示例如图9-1所示。

图9-1

9.2 设置运动跟踪

9.2.1 显示【跟踪器】面板

执行【菜单栏】>【窗口】>【跟踪器】，在After Effects软件界面右侧显示【跟踪器】面板，如图9-2所示。

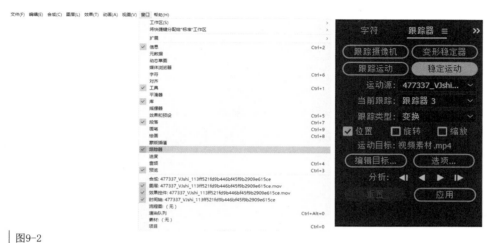

图9-2

9.2.2 添加跟踪点

在【素材图层】>【跟踪器】面板中选择相应跟踪类型后，After Effects软件会根据选择的跟踪类型添加相应的跟踪点，如图9-3所示。

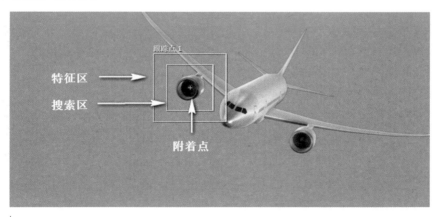

图9-3

①特征区：定义素材图层被跟踪区域。

②搜索区：定义素材特征区域的搜索范围，搜索区域越小，跟踪分析越短。

③附着点：定义跟踪的精确附着点。

9.2.3　跟踪点调节

在对素材图层完成跟踪点的添加后，可以通过【选取工具】在合成窗口对跟踪区域进行控制，调整特征区及搜索区的范围以及附着点的位置。在使用【选取工具】将鼠标移动到跟踪点的不同区域时，鼠标显示状态不同。分别代表控制效果如下：

① ：控制效果为移动整个跟踪框，包括：特征区、搜索区、附着点。

② ：控制效果为改变跟踪框的形状与大小。

③ ：控制效果为移动搜索区范围框位置。

④ ：控制效果为移动附着点的位置。

小贴士：

在实际设置跟踪点过程中，调整特征区域时应完全包含跟踪目标，并尽量缩小特征区域线框大小。调整搜索区时取决于跟踪目标素材的运动速度，运动速度慢，调整搜索区略大于特征区；运动速度快，调整搜索区略大于目标最大位置或位置区域。

9.2.4　动态跟踪器属性控制

执行跟踪解析操作后，在时间线窗口素材图层属性中自动生成跟踪器，可以通过时间线窗口中素材图层下的动态跟踪器属性对附着点、搜索区等属性参数进行设置，如图9-4所示。

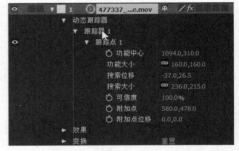

图9-4

参数详解：

【功能中心】设置特征区的中心位置。

【功能大小】设置特征区的范围大小。

【搜索位移】设置搜索区的中心位置。

【搜索大小】设置搜索区的范围大小。

【可信度】设置跟踪时生产关键帧的匹配程度。

【附加点】设置附着点的位置。

【附加点位移】设置附着点位置范围。

图9-5

9.3 跟踪器面板参数详解

执行【菜单栏】>【窗口】>【跟踪器】，打开【跟踪器】面板，如图9-5所示。

参数详解：

【运动源】设置跟踪素材图层，只对素材和合成图层有效。

【当前跟踪】选择当前控制的跟踪器。

【跟踪类型】设置跟踪模式，包含五种跟踪模式。不同跟踪模式可以设置不同的跟踪点。

【稳定】该模式通过位置、旋转、缩放的数值来进行反向控制，起到稳定运动源图层的作用。

【变换】该模式通过位置、旋转、缩放的数值，将跟踪数据应用到其他素材图层中。

【平行边角固定】该模式只跟踪倾斜和旋转变化，可以生成四个跟踪点，如图9-6所示。

【透视边角固定】该模式可以跟踪运动源图层的透视变化，并可生成四个跟踪点。

【原始】该模式只跟踪位置变化，并且跟踪信息不能直接应用到其他图层。可以通过复制等方式将数据复制到其他图层。

【编辑目标】设置跟踪数据要应用的目标图层。

【选项】设置跟踪器的参数，如图9-7所示。

【跟踪器增效工具】选择跟踪器插件，默认为After Effects内置插件。

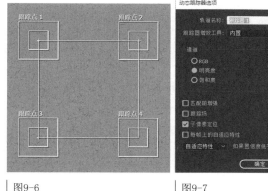

图9-6　　　　　图9-7

【通道】设置特征区内采集跟踪数据的通道，根据跟踪素材与跟踪点的特点选择相应通道。

【匹配前增强】对跟踪素材进行降噪处理，提高跟踪精确度。

【跟踪场】对跟踪素材的场进行设置，提高跟踪精确度。

【子像素定位】优化特征区像素，提高跟踪精确度。

【每帧上的自适应特性】勾选该选项提高跟踪精确度，但增加运算时间。

【如果置信度低于】当跟踪匹配度低于设置百分百，可以设置跟踪处理方式。

【包括】可分为继续跟踪、停止跟踪、自动推断运动、优化特征四种方式。

【分析】控制分析跟踪点，如图9-8所示。

分析: ◀▮ ◀ ▶ ▮▶ ┃图9-8

◀▮ ：在当前时间线向后分析一帧。

◀ ：在当前时间线向后分析。

▶ ：在当前时间线向前分析。

▮▶ ：在当前时间线向前分析一帧。

9.4 本章实例

9.4.1 实例——透视跟踪

Step1：打开配套素材【第9章实例>9.4.1文件夹>素材】导入,在【项目】窗口图拽【跟踪视频】素材到【合成】 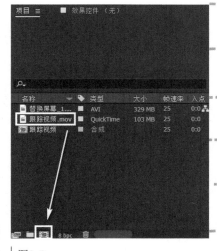 按钮，以【跟踪视频】素材的视频大小及时间长度创建一个合成，如图9-9所示。

图9-9

Step2：将【替换屏幕】素材拖拽到【时间线】窗口。展开图层属性菜单设置【旋转】属性、【缩放】属性，如图9-10、图9-11所示。

Step3：选择【替换屏幕】图层，执行【边角定位】滤镜，调节四个边角定位点到绿屏幕四角边缘，具体设置，如图9-12所示。取消图层【缩放】属性中【约束比例】，调节【替换屏幕】宽高比，如图9-13、图9-14所示。

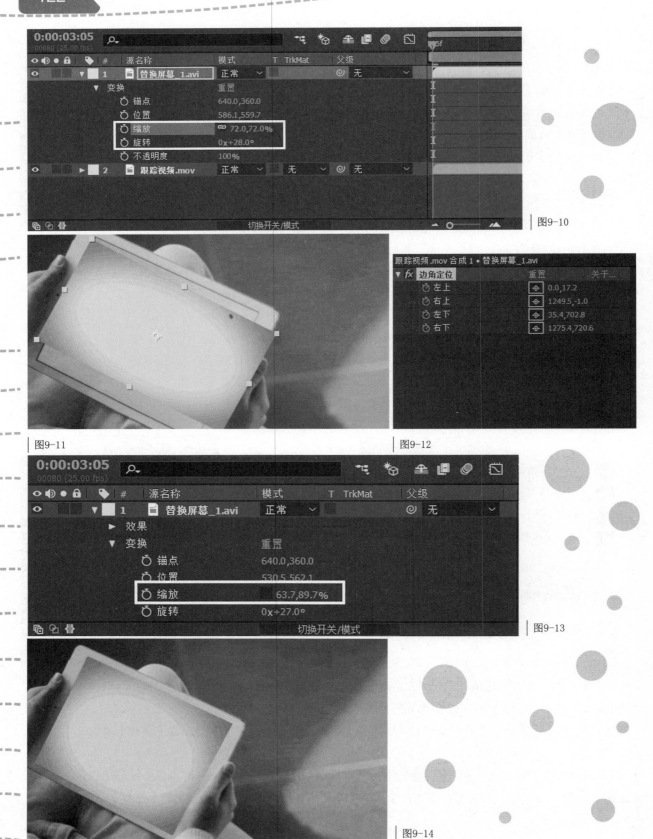

图9-10

图9-11

图9-12

图9-13

图9-14

Step4：选择【跟踪视频】，调出【跟踪器】面板。

①选择【运动跟踪】，跟踪类型选择【透视边角定位】调整四个跟踪点位置到视频素材中屏幕四角，如图9-15、图9-16所示。

图9-15

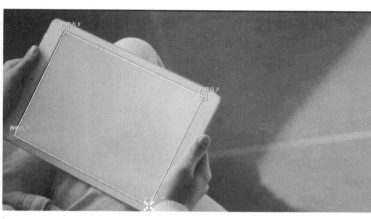

图9-16

②在【跟踪器】面板点击分析选项中【向前分析】，如图9-17所示。 生成跟踪点关键帧，效果如图9-18所示。

图9-17

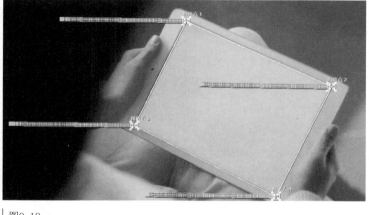

图9-18

Step5：在【跟踪器】面板中点击【编辑目标】，如图9-19所示。弹出【定位目标】窗口在【图层】选项中选择【替换屏幕】图层，然后在【跟踪器】面板点击应用，如图9-20所示。

图9-19

图9-20

Step6：预览跟踪效果，选择【跟踪视频】图层，执行【高级溢出控制器】消除屏幕边缘杂色，如图9-21、图9-22所示。如果出现跟踪点偏移，应重新调整跟踪点。

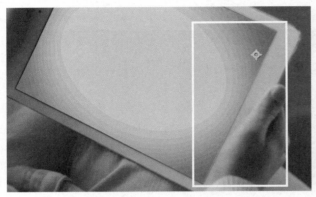

图9-21

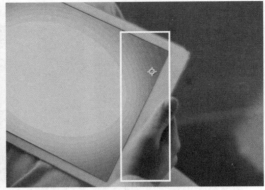

图9-22

Step7：预览最终效果，输出动画。

实例解析：

本实例主要讲解运动跟踪使用技巧，制作难点如下：

①通过【边角定位】滤镜调整替换画面的透视。

②为屏幕设置跟踪点时要注意跟踪点的放置位置。

9.4.2 实例——稳定跟踪

Step1：打开配套素材【第9章实例>9.4.2文件夹>素材】导入,在【项目】窗口图拽【稳定跟踪】素材到【合成】  按钮，以【稳定跟踪】素材的视频大小及时间长度创建一个合成。

图9-23

Step2：选择【稳定跟踪】图层，在【跟踪器】面板点击【稳定运动】，如图9-23所示。

Step3：移动跟踪点到视频中稳定位置，如图9-24所示。

Step4：在【跟踪器】面板点击分析选项中【向前分析】，如图9-25所示。 生成跟踪点关键帧，效果

图9-24

图9-25

如图9-26所示。

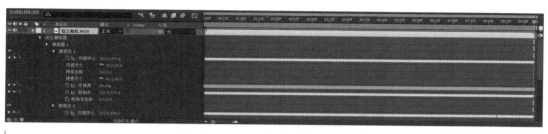

图9-26

Step5：单击【跟踪器】面板中的【应用】按钮，将跟踪数据赋予目标图层，如图9-27所示。

图9-27

Step6：应用完成后，画面抖动效果消失，但画面发生位移，四周出现黑框。选择【稳定跟踪】图层，调整【缩放】属性使黑边消失，如图9-28、图9-29所示。

图9-28

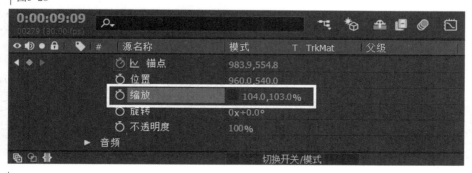

图9-29

Step7：对视频进行降噪处理。选择【稳定跟踪】图层，执行【移除颗粒】，将查看模式改为【最终输出】，调节滤镜参数，具体参数如图9-30所示。

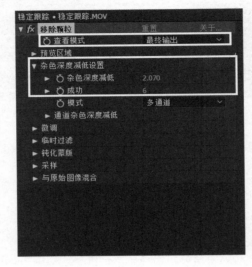

图9-30

Step8：校正画面颜色，选择【稳定跟踪】图层，执行【颜色色平衡】滤镜，调整画面颜色，具体参数及效果如图9-31、图9-32所示。

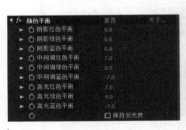

图9-31

图9-32

图9-33

图9-34

Step9：调整画面亮度、对比度，选择【稳定跟踪】图层，执行【亮度和对比度】滤镜，调整画面效果。具体参数及效果如图9-33、图9-34所示。

Step10：预览最终效果，输出动画。

实例解析：

本实例主要讲解稳定跟踪器的使用技巧，制作难点如下：

①在为稳定跟踪添加跟踪点时，应选择画面中相对稳定静止的位置作为追踪点。如果一个跟踪点效果不好，可以添加新的跟踪点。

②如果跟踪分析出现错误，可重新调整跟踪点的跟踪位置，重新进行分析，也可以通过跟踪器生成的关键帧调节进行微调。

本章小结：

本章主要讲解了运动跟踪技术的创建、跟踪点的设置。运动跟踪技术的主要作用是实现动态影像素材与特效镜头同步，在为影视素材添加特效时经常运用到该技术，熟练掌握软件中运动跟踪技术是高效解决镜头同步的最佳途径。通过本章的学习，主要应了解掌握以下知识要点：

1.跟踪点。跟踪点是跟踪技术的核心，正确的设置跟踪点对最终跟踪效果起到至关重要的作用；理解和掌握特征区、搜索区、跟踪点的特性是本章的重点内容。

2.跟踪类型。根据动态素材所需要添加的跟踪效果，合理地选择不同的跟踪类型。

第 10 章 软件内置常用特效

本章学习要点：

　　1. 了解特效的使用方法。

　　2. 掌握特效参数的调节。

　　3. 掌握特效动画的制作技巧。

　　4. 了解特效的含义。

　　特效滤镜组是After Effects的核心组件，在影视后期制作中离不开特效插件的参与，通过特效插件为视频素材添加特效处理，可以产生良好的视觉效果。After Effects CC中内置了大量的特效滤镜，只有熟练掌握特效滤镜的使用，才可以制作出生动的后期特效。本章主要对特效滤镜组中常用的滤镜进行深入讲解。

10.1 添加特效滤镜的方法

10.1.1 通过【时间线】窗口添加特效

在【时间线】窗口，选择素材图层单击鼠标右键，弹出菜单选择【效果】，在子菜单中选择相应特效，如图10-1所示。

10.1.2 通过【效果和预设】面板添加特效

选择素材图层，在右侧【效果和预设】面板搜索相应特效，双击相应特效，如图10-2所示。

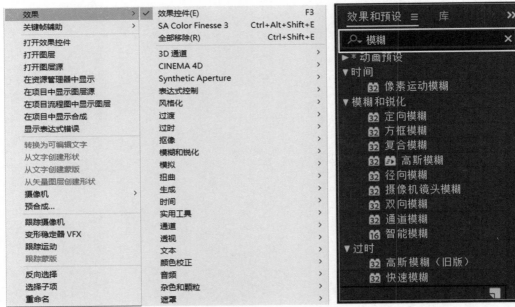

图10-1　　　　　　　　　　　　　　　　　　　　　　　　　　　图10-2

10.1.3 通过【菜单】添加特效

在【菜单】栏选择【效果】，弹出效果菜单，选择相应的特效。

10.1.4 通过拖拽添加特效

在【效果和预设】面板选择相应特效，按住鼠标左键拖动相应特效到【合成】窗口或素材图层，添加相应特效，如图10-3所示。

图10-3

10.2 过渡特效滤镜

过渡特效滤镜主要应用于镜头与镜头间转场效果的制作。主要包括：CC滤镜组、块状融合、渐变擦除、百叶窗、径向擦除等，如图10-4所示。

图10-4

10.2.1 CC Glass Wipe（玻璃擦除）

该特效产生类似玻璃质感扭曲的转场效果。应用滤镜效果及参数，如图10-5、图10-6所示。

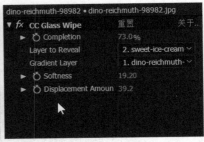

图10-5　　　　　　　　　　　　　　　　　　　　　　　图10-6

参数详解：

【Completion（完成度）】设置玻璃擦除效果完成度。

【Layer to Reveal（显示层）】当前显示层。

【Gradient Layer（渐变层）】设置渐变图层。

【Softness（柔化）】设置扭曲效果柔化程度。

【Displacement Amoun（置换值）】设置扭曲效果程度。

10.2.2 CC Image Wipe（图像擦除）

该特效通过两个图层像素差异产生擦除效果。应用滤镜效果及参数，如图10-7、图10-8所示。

图10-7　　　　　　　　　　　　　　　　　　　　　　　图10-8

参数详解：

【Completion（完成度）】设置图像擦除效果完成度。

【Border Softness（边缘柔化）】设置边缘柔化程度。

【Auto Softness（自动柔化）】勾选该选项，在边缘柔化的基础上自动柔化。

【Gradient（渐变图层）】指定渐变图层，设置图层转场次序。

10.2.3 CC Radial ScaleWipe（径向缩放擦除）

该滤镜通过对图层进行扭曲缩放产生擦除效果。应用滤镜效果及参数，如图10-9、图10-10所示。

图10-9

图10-10

参数详解：

【Completion（完成度）】设置径向缩放擦除效果完成度。

【Center（中心点）】设置径向缩放中心点位置。

【Reverse Transition（反向变换）】勾选此选项，对径向缩放擦除效果进行反转，如图10-11所示。

10.2.4 CC WarpoMatic（溶解）

图10-11

该特效可以通过亮度、对比度使图像素材产生溶解效果。应用滤镜效果及参数如图10-12、图10-13所示。

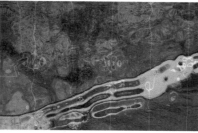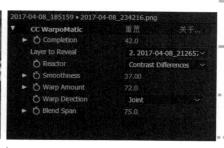

图10-12

图10-13

参数详解：

【Completion（完成度）】设置溶解效果完成度。

【Layer to Reveal（显示层）】当前显示层。

【Reactor（反应器）】设置过渡模式，包括：亮度、对比差异、亮度差异、局部差异四种模式。

【Smoothness（平滑）】设置溶解的平滑度。

【Warp Amount（弯曲量）】设置溶解弯曲度。

【Warp Direction（弯曲方向）】设置溶解弯曲的方向。

【Blend Span（混合度）】设置溶解混合程度。

小贴士：

CC过渡滤镜组参数设置比较简单，其他滤镜可自行尝试效果，在制作过渡效果时，可通过对完成度参数设置关键帧动画来实现转场效果。

10.2.5 光圈擦除

该特效可以生成多种形状的擦除效果。应用滤镜效果及参数，如图10-14、图10-15所示。

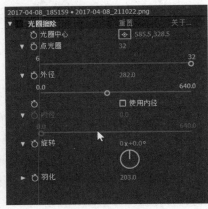

图10-14

图10-15

参数详解：

【光圈中心】设置形状擦除的中心点。

【点光圈】设置形状的顶点数。

【外径】设置形状外半径大小。

【使用内经】勾选此选项可生成星形形状。

【内径】设置形状内半径大小。

10.2.6 径向擦除

该特效可以生成径向方式进行擦除。应用滤镜效果及参数，如图10-16、图10-17所示。

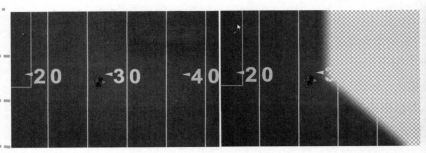
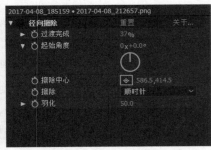

图10-16

图10-17

参数详解：

【过渡完成】设置擦除程度。

【起始角度】设置开始擦除位置角度。

【擦除中心】设置擦除径向中心点。

【擦除】设置擦除方向模式，包括顺时针、逆时针及两种兼有。

【羽化】设置擦除羽化程度。

10.3 过时特效滤镜

该特效滤镜组主要保留了旧版本的一些特效滤镜，主要包括：基本3D、基本文字、路径文本等特效滤镜，如图10-18所示。

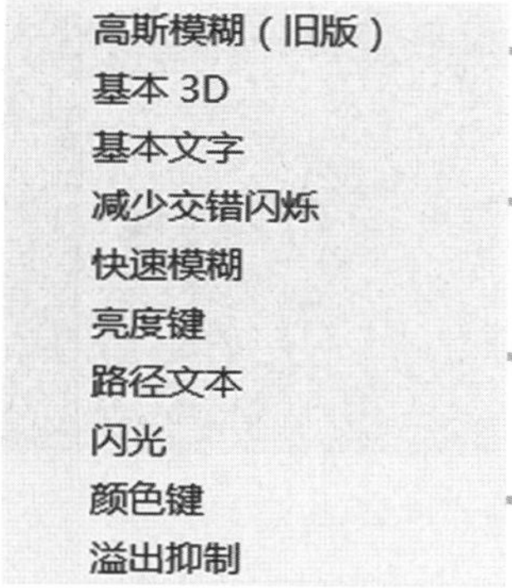

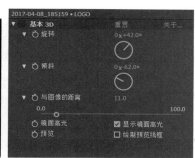

图10-18

10.3.1 基本3D

该特效主要调整图像素材的透视效果。应用滤镜效果及参数，如图10-19、图10-20所示。

图10-19

图10-20

参数详解：

【旋转】将素材图像沿自身纵向轴旋转。

【倾斜】将素材图像沿自身横向轴旋转。

【与图像的距离】设置素材图像的深度距离。

【镜面高光】勾选此选项，显示镜面高光。

【预览】勾选此选项，显示绘制预览线框。

10.3.2 路径文本

该特效可以创建多种路径形状并沿路径轨迹生成文字。应用滤镜效果及参数，如图10-21、图10-22所示。

参数详解：

【路径选项】设置路径参数。

【形状类型】设置路径形状，包括贝塞尔曲线、圆形、循环、线四种形状。

【自定义路径】可以通过钢笔工具绘制自由路径。

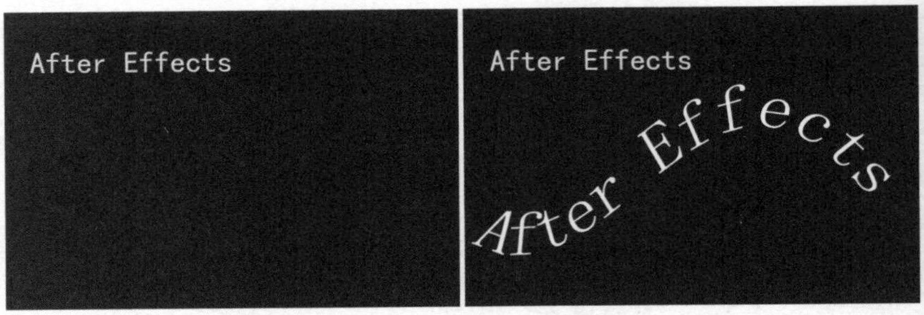

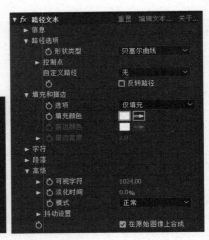

图10-21

图10-22

【反转路径】勾选此选项对路径文字进行反转。

【填充和描边】设置字体填充与描边的具体参数。

【字符】设置字符参数。

【段落】设置段落详细参数。

【可视字符】设置路径上被显示出的部分。

【淡化时间】设置字符渐隐效果。

【抖动设置】设置字符在路径轨迹上的偏移值。

【在原始图像上合成】保留原字符效果。

小贴士：

通过对高级参数中可视字符、抖动设置关键帧可以快速地制作出丰富路径文字的动画效果，如图10-23所示。

图10-23

10.4 模糊和锐化特效滤镜

模糊和锐化特效滤镜主要用于设置图像素材的模糊与锐化效果，如模拟镜头景深效果、创建柔光遮罩等。主要包括：镜头模糊、快速模糊、径向模糊、锐化等，如图10-24所示。

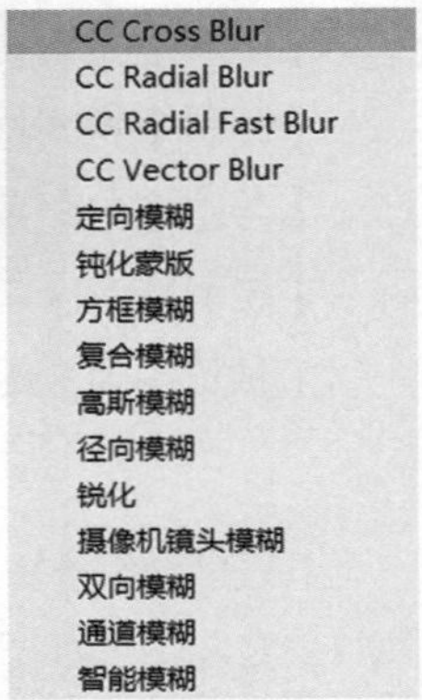

图10-24

CC Cross Blur
CC Radial Blur
CC Radial Fast Blur
CC Vector Blur
定向模糊
钝化蒙版
方框模糊
复合模糊
高斯模糊
径向模糊
锐化
摄像机镜头模糊
双向模糊
通道模糊
智能模糊

10.4.1 高斯模糊

该特效通过高斯运算来模糊图像素材。应用滤镜效果及参数，如图10-25、图10-26所示。

图10-25　　　　　　　　　　　　　　　　　　　　　　　　　图10-26

参数详解：

【模糊度】设置模糊程度。

【模糊方向】设置模糊方向，包括水平和垂直、水平、垂直三种模式。

【重复边缘像素】勾选此选项，重复模糊边缘柔和度。

小贴士：

高斯模糊、方框模糊、快速模糊其三种模糊滤镜效果相似，都可以对图像素材进行模糊处理去除噪点。

10.4.2 径向模糊

该特效可以围绕一个中心点对图像素材生成模糊效果，可以模拟镜头变焦、旋转效果。应用滤镜效果及参数，如图10-27、图10-28所示。

图10-27　　　　　　　　　　　　　　　　　　　　　　　　　图10-28

参数详解：

【数量】设置模糊强度。

【中心】设置模糊中心点位置。

【类型】设置模糊类型，包括缩放、旋转两种模式。

【消除锯齿】设置图像质量。

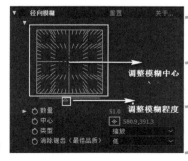

图10-29

小贴士：

径向模糊参数面板，可以通过拖动预览图改变模糊中心位置及模糊程度。以达到预期效果，如图10-29所示。

10.4.3 镜头模糊

该滤镜可以模拟摄像机柔焦效果，模糊效果由光圈属性与模糊贴图决定。应用滤镜效果与参数，如图10-30、图10-31所示。

图10-30   图10-31

参数详解：

【模糊半径】设置模糊程度。

【光圈属性】设置光圈各项参数。

【形状】设置摄像机镜头形状，包括：三角形、正方形、五边形、六边形等八种形状。

【圆度】设置摄像机镜头圆度。

【长宽比】设置画面长宽比。

【模糊图】设置模糊贴图各项参数。

【图层】设置镜头模糊贴图图层。

【通道】设置模糊图层通道。

【位置】设置模糊图层位置。

【模糊焦距】设置模糊焦点距离。

【反转模糊图】勾选此选项，反转模糊焦点。

【高光】设置图层亮度。

【增益】设置图像增益。

【阈值】设置图像容差值。

【饱和度】设置图像饱和度。

【边缘特性】设置边缘模糊的重复值。

小贴士：

　　镜头模糊与贴图模糊效果类似，贴图模糊可以看作是镜头模糊的精简版，同样通过贴图的亮度信息对图像进行模糊处理，设置原理类似。

10.5 模拟特效滤镜

　　模拟滤镜组主要作用是模拟符合自然规律的粒子运动效果。其中包括：卡片动画、CC Particle World、CC Pixel Polly等滤镜，如图10-32所示。

10.5.1 卡片动画

　　该滤镜可以将指定图层进行切分，通过设置关键帧产生动画效果。应用滤镜效果与参数，如图10-33、图10-34所示。

图10-32

图10-33

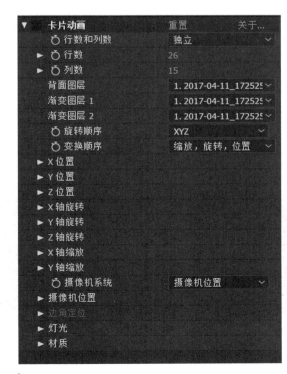

图10-34

参数详解：

【行数和列数】在独立模式下，行数和列数可以分别进行设置。在列数受行数控制模式下，只可以设置行数，如图10-35所示。

图10-35

【背面图层】指定分割的背景图层。

【渐变图层1、2】指定渐变图层。

【旋转顺序/变化顺序】设置分割后卡片的旋转顺序与变化顺序。

【（X/Y/Z）位置、轴旋转】设置不同属性变化参数。

①源：设置变化通道，包含九种类型，两种强度变化。

②乘数：设置卡片变化数量。

③偏移：设置开始变化的偏移值。

【摄像机位置】设置摄像机属性参数，如图10-36所示。

图10-36

【边角定位】在摄像机系统选择边角定位模式时，激活该选项。可以通过四个控制点对卡片视角进行控制。

【灯光】设置特效中的灯光属性，如图10-37所示。

【灯光类型】设置特效光源类型，包含点光源、远光源、首选合成灯光。其中首选合成灯光类型，必须在合成中创建光源。如有多个光源，灯光效果以第一个合成光源为准。

【灯光深度】设置灯光对Z轴向的影响范围。

【环境光】设置灯光在图层中环境光的强度。

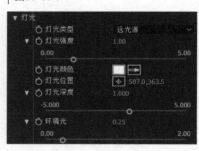

图10-37

【材质】设置特效图层的材质属性，如图10-38所示。

【漫反射】设置反射强度。

【镜面反射】设置镜面效果反射强度。

图10-38

【高光锐度】设置材质高光部分反射强度。

10.5.2 CC Particle World（CC 粒子世界）

该特效可以生成大量运动粒子，通过对粒子形状、数量、发射反射等设置。粒子运动效果，如图10-39、图10-40所示。

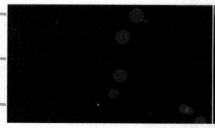
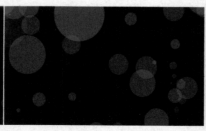

图10-39

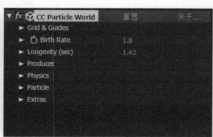

图10-40

参数详解：

【Grid&Guides】设置网格与参考线相关属性。

【Birth Rate】设置粒子生成的数量。

【Longevity】设置粒子寿命，时间单位为秒。

【Producer】粒子发射器，设置粒子扩散范围和粒子发射位置，如图10-41所示。

【Position X/Y/Z】:设置粒子在X/Y/Z轴上的位置。

【Radius X/Y/Z】：设置粒子在X/Y/Z扩散范围的大小。

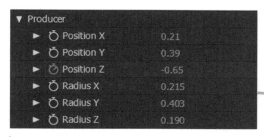

图10-41

10.5.3 CC Pixel Polly(CC像素多边形)

改变特效可以使素材图层产生碎裂效果。应用滤镜效果与参数，如图10-42、图10-43所示。

图10-42

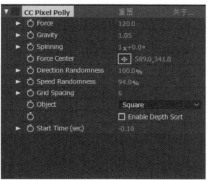

图10-43

参数设置：

【Force】设置破碎的程度。

【Gravity】设置碎片下落重力。

【Spinning】设置碎片破裂时旋转的角度。

【Force Center】设置破碎程度的中心点。

【Direction Randomness】设置碎片的随机方向。

【Speed Randomness】设置碎片的随机速度。

【Grid Spacing】设置碎片大小。

【Object】设置破碎碎片样式。

【Enable Depth Sort】勾选此选项，改变碎片遮挡关系。

【Start Time（sec）】设置开始破碎时间，以秒为单位。

10.5.4 CC Drizzle（CC细雨滴）

该特效可以在素材图层生成模拟雨滴、涟漪等效果。应用滤镜效果与参数，如图10-44、图10-45所示。

图10-44　　　　　　　　　　　　　　　　　　　　　　图10-45

参数详解：

【Drip Rate】设置雨滴下落速度。

【Longevity】设置雨滴寿命，单位为秒。

【Rippling】设置涟漪扩散圈数，数值越大，涟漪扩散圈数越多。

【Displacement】设置涟漪颜色反差程度。

【Ripple Height】设置涟漪扩散波纹高度。

【Spreading】设置涟漪轮廓大小，数值越大，涟漪效果越明显。

【Light】设置灯光效果。

【Shading】设置底纹明度。

10.6 扭曲特效滤镜

该特效滤镜组主要对素材图像进行变形处理，模拟真实物理扭曲效果，包括：CC融合、CC翻页、变形、液化、极坐标、置换贴图等特效，如图10-46、图10-47所示。

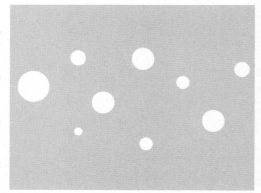

CC Bend It	变形稳定器 VFX
CC Bender	波纹
CC Blobbylize	波形变形
CC Flo Motion	放大
CC Griddler	改变形状
CC Lens	光学补偿
CC Page Turn	果冻效应修复
CC Power Pin	极坐标
CC Ripple Pulse	镜像
CC Slant	偏移
CC Smear	球面化
CC Split	凸出
CC Split 2	湍流置换
CC Tiler	网格变形
保留细节放大	旋转扭曲
贝塞尔曲线变形	液化
边角定位	置换图
变换	漩涡条纹
变形	

图10-46　　　　　　　　　　　　　图10-47

10.6.1 CC Blobbylize（CC融化）

改特效可以模拟水滴消退融合效果，通过对相关参数设置关键帧，达到融化动画效果。应用效果及参数，如图10-48、图10-49所示。

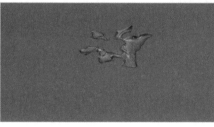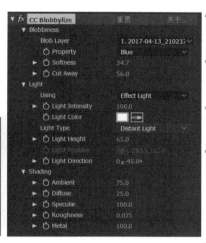

图10-48　　　　　　　　　　　　　　　　　　　　　图10-49

参数详解：

【Blobbiness】调整扭曲素材的程度及样式。

【Blob Layer】指定效果应用图层。

【Property】设置融化通道模式。

【Softness】设置水滴边缘柔化程度。

【Cut Away】设置剪切程度。

【Light】设置调整素材图像的光强度及色调。

【Using】设置光照模式。

【Light Intensity】调整素材图像亮度。

【Light Color】设置光的颜色，调整素材图像色调。

【Light Type】设置光照类型，包括远光、点光两种模式。

【Light Height】设置素材图层曝光度。

【Light Direction】设置光照方向。

【Shading】设置素材图像明暗程度。

【Ambient】调整素材图像整体明度。

【Diffuse】调整漫反射程度，数值越大，图像越亮。

【Specular】设置高光反射强度。

【Roughness】设置边缘粗糙程度。

【Metal】调整素材图层质感。

10.6.2 CC Page Turn（CC翻页）

改特效可以产生翻页效果。应用滤镜效果与参数，如图10-50、图10-51所示。

图10-50　　　　　　　　　　　　　　　　　　　　　　　图10-51

参数详解：

【Controls】控制翻页类型。

【Fold Position】设置卷页起始位置，设置关键帧动画可以产生翻页动画。

【Fold Direction】设置卷页方向角度。

【Fold Radius】设置折叠方向。

【Light Direction】调整折叠高光方向。

【Render】设置渲染模式，包括正背页、背页、正页。

【Back Page】设置背景页。

【Back Opacity】设置背页透明度。

【Paper Color】设置背页颜色。

10.6.3 极坐标

该特效可以将直角坐标与极坐标进行转换，产生扭曲效果。应用滤镜效果与参数，如图10-52、图10-53所示。

图10-52　　　　　　　　　　　　　　　　　　　　　　　图10-53

参数详解：

【插值】设置变形扭曲程度。

【转换类型】设置转换方式，包括矩形到极限、极限到矩形两种方式。

10.6.4 置换图

该特效可以通过设置置换图层，通过置换图层的通道信息来对图像进行水平和垂直扭曲，模拟光影起伏效果。应用滤镜效果与参数，如图10-54、图10-55所示。

图10-54

图10-55

参数详解：

【置换图层】设置用于置换的图层。

【用于水平置换】设置水平方向置换的通道。

【最大水平置换】设置水平方向扭曲程度。

【用于垂直置换】设置垂直方向置换的通道。

【最大垂直置换】设置垂直方向扭曲程度。

【置换图特性】设置置换方式。

【边缘特性】勾选像素回绕，将覆盖边缘像素。

【扩展输出】勾选此选项，进行扩展输出。

10.6.5 液化

该特效可以通过液化相应工具扭曲目标图像。应用滤镜效果与参数，如图10-56、图10-57所示。

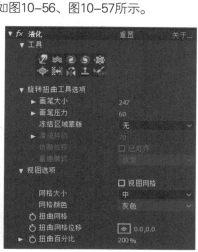

图10-56

图10-57

参数详解：

【 █ 变形工具】拖动鼠标使图像产生变形效果。应用效果如图10-58所示。

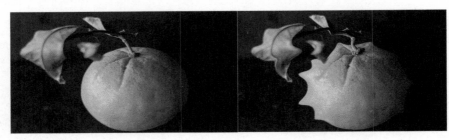

图10-58

【 ▓ 湍流工具】拖动鼠标使图像产生紊乱效果。应用效果如图10-59所示。

图10-59

【 █ █ 旋转工具】拖动鼠标使图像产生旋转扭曲效果。应用效果如图10-60所示。

图10-60

【 █ █ 收缩/膨胀工具】拖动鼠标使图像产生收缩或膨胀效果。应用效果如图10-61所示。

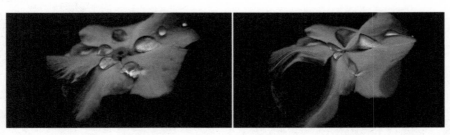

图10-61

【  移动像素】拖动鼠标使图像沿鼠标垂直方向产生像素移动效果。应用效果如图10-62所示。

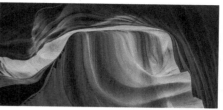

图10-62

【 对称工具】拖动鼠标使图像产生对称效果。应用效果如图10-63所示。

图10-63

【 仿制工具】按住Alt键取样特效，在其他位置单击鼠标将取样特效复制到当前区域。

【 重建工具】拖动鼠标，使图像恢复原始状态。

【画笔大小】设置画笔范围大小。

【画笔压力】设置液化变形程度。

【冻结区域蒙版】通过指定蒙版，可以控制变形范围。

【湍流抖动】在选择湍流工具时，设置紊乱程度。

【仿制位移】在选择仿制工具时，勾选对齐选项，特效将以对齐的方式呈现。

【视图选项】设置参考网格，辅助精确操作。

【扭曲网格】可设置关键帧制作动画效果。

【扭曲网格位移】设置液化特效的偏移位置。

【扭曲百分比】设置扭曲程度，数值越大扭曲程度越明显，可以设置关键帧。

10.7 其他常用滤镜

10.7.1 CC Light Burst（光线爆裂）

该特效属于生成特效组，可以使素材图层产生镜头变焦效果。应用滤镜效果与参数，如图10-64、图10-65所示。

参数详解：

【Center】设置产生爆裂中心点。

图10-64

图10-65

【Intensity】设置光线亮度。

【Ray Lenght】设置光线强度。

【Burst】设置爆裂方式，包括Straight、Fade、Center三种模式。

【Color】设置发光颜色，勾选Set Color选项。

10.7.2 勾画

该特效属于【生成】特效组，其特效效果可以对图像边缘进行勾画描边，还可以根据路径设置动画。应用滤镜效果与参数，如图10-66、图10-67所示。

图10-66

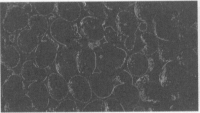

图10-67

参数详解：

【描边】设置描边方式。

【图像等高线】设置描边相关设置，如图10-68所示。

【输入图层】设置描边图层。

【通道】设置描边依据的通道信息。

【阈值】设置描边的极限大小。

【预模糊】设置描边边缘柔化程度。

【容差】设置描边对设置通道的容差值。

【渲染】对描边显示效果进行设置。

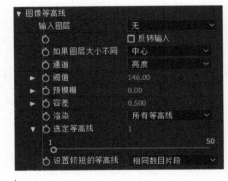

图10-68

【选定等高线】对描边线条进行设置。

【设置较短的等高线】设置描边轮廓中线条较短的参数。

【片段】对描边的线段进行设置，如图10-69所示。

图10-69

【片段】设置描边线段数量。

【长度】设置线段长度。

【片段分布】设置线段分布方式。

【旋转】设置线段旋转角度。

【随机植入】设置线段随机的数量，需勾选随机相位选项。

【正在渲染】设置描边显示效果相关参数，如图10-70所示。

【混合模式】设置描边效果的显示方式。包含四种模式：透明，只显示描边线条，图像为透明；超过，在图像上显示线条；曝光不足，在图像下显示线条；模板，描边轮廓作为蒙版使用，只显示描边范围内的图像。

图10-70

【宽度】：设置线条宽度。

【硬度】：设置线条硬度。

【起始点/中点/结束点不透明度】：设置线条不同区域的不透明度，使线条有虚实、渐隐效果。

10.7.3 移除颗粒

改变特效属于杂色和颗粒特效组，该特效常用于视频素材降噪处理，类似于磨皮效果。应用滤镜效果与参数，如图10-71、图10-72所示。

图10-71

参数详解：

【参看模式】选择查看效果方式。

【杂色深度减低设置】对素材图像降噪程度进行设置，并且可以对单个通道进行降噪处理。

【微调】对降噪细节进行微调。

【临时过滤】是否启用实时过滤功能。

【钝化蒙版】控制图像钝化程度。

【采样】设置采样参数。

【与原始图像混合】设置原始图像与降噪图像混合程度。

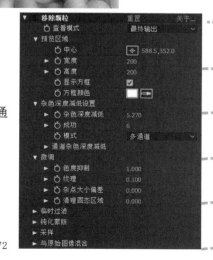

图10-72

10.7.4 写入

该特效属于生成特效组，可以模拟手写字动画效果，取代旧版本中的矢量绘图。应用滤镜效果与参数，如图10–73、图10–74所示。

图10-73　　　　　　　　　　　　　　　　　　　　　　　　图10-74

参数详解：

【画笔位置】用来设置写入画笔位置，设置关键帧生成写入效果。

【颜色】设置画笔颜色。

【画笔大小】设置画笔粗细。

【画笔硬度】设置画笔边缘柔化程度。

【画笔不透明度】设置画笔绘制时颜色不透明度。

【描边长度】设置写入速度。

【画笔间距】设置画笔笔触距离。

【绘画时间属性】设置在写入动画时颜色、不透明度属性是否应用到整个动画。

【画笔时间属性】设置在写入动画时大小、硬度属性是否应用到整个动画。

【绘画样式】设置写入样式。

10.8 本章实例

10.8.1 实例——置换图

Step1：打开配套素材【第10章实例 > 10.8.1文件夹 > 素材】导入，创建新合成命名为【置换图】，时间长度为【5秒】。

Step2：在合成栏【新建纯色图层】（或者添加带有通道的灰度图），如图10–75所示，给纯色图层添加特效，【效果 > 杂色和颗粒 > 分形杂色】。提高灰度图的对比度，降低亮度，设置参数，如图10–76所示。

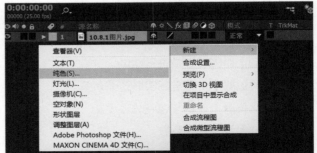

图10-75

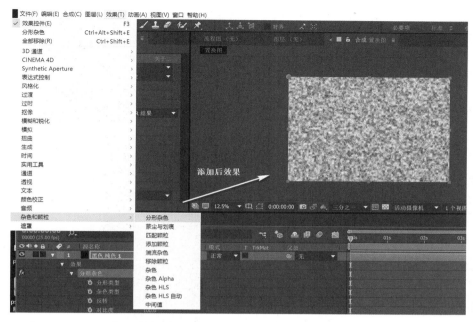

图10-76

Step3：【Ctrl+Shift+C】，将新建的纯色图层变为合成，如图10-77所示。

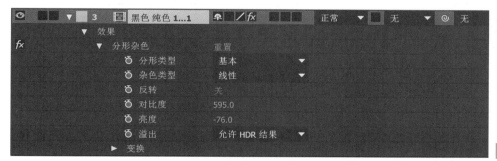

图10-77

Step4：点选置换的素材图，【效果 > 扭曲 > 置换图】添加特效。因为只给"湖面"增加动态特效，因此需要做一个遮罩。点选【钢笔工具】，在图上大致勾勒出"湖面"的一条闭合曲线，如图10-78所示。

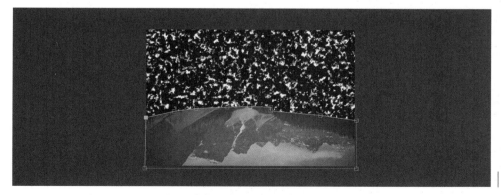

图10-78

Step5：将此图层【Ctrl+D】复制一层，【M】键打开蒙版属性，设置为【相减】，如图10-79所示。并且【删掉背后"山"图层的置换图特效】，设置两个图层的【蒙版羽化：25】，如图10-80所示。

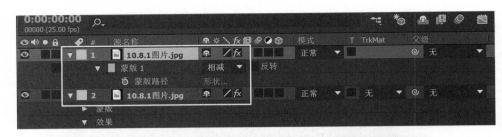

图10-79

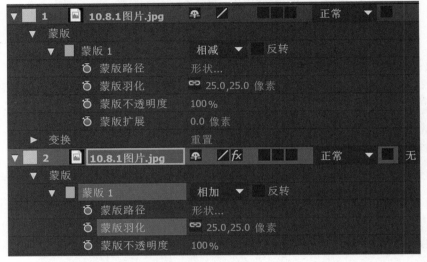

图10-80

Step6：打开关键帧，拖动时间轴线，对【置换图效果设置属性】，将【用于水平置换】设置为【蓝色】，打开【像素回绕】。参数设置，如图10-81、图10-82所示。

图10-81

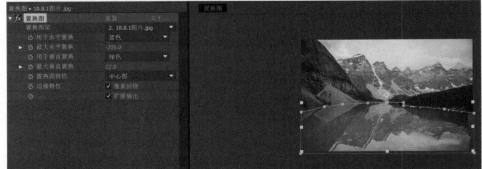

图10-82

Step7：时间轴上设置不同参数，做出"波光粼粼"的湖面效果，切记不要变化幅度过于大，如图
10-83、图10-84所示。

图10-83

图10-84

实例解析：

本实例主要讲解【置换贴图】滤镜使用技巧，制作难点如下：

①置换贴图必须使用一个灰度图（或者一个带有通道的贴图）来做一个置换的通道。

②置换图无法识别加在层上的特效，只识别层上的亮度信息。

③置换图特效中的【用于水平置换】和【用于垂直置换】的属性根据素材的实际情况做改变。

10.8.2 实例——速度感特效

Step1：打开配套素材【第10章实例 > 10.8.2文件夹 > 素材】导入，创建新合成命名为【速度感】，时
间长度为【5秒】。

Step2：给素材添加特效，【效果 > 生成 > CC Light Burst 2.5】，如图10-85所示。

图10-85

Step3：设置【Center】属性，调整中心点到路面中心偏上的位置，如10-86所示。打开特效【Intensity】和【Ray Length】属性的关键帧，设置变焦长度，添加到时间轴上，如图10-87、图10-88所示。

图10-86

图10-87

图10-88

Step4：现在已经有了加速的效果，还需要有前进的效果。先打开【变换】，再打开【缩放】的关键帧，在【1秒】处设置初始参数，【5秒】处设置放大后参数，中心点位置不变，如图10-89、图10-90所示。

图10-89

图10-90

实例解析：

本实例主要讲解【CC Light Burst 2.5】滤镜使用技巧，制作难点如下：

①中心点不一定是设置在图片的正中心，依据素材的不同进行调整。"弯路"中心点可以根据情况调整，设置关键帧动画。

②可以利用此特效制作文字的动态特效。

10.8.3 实例——磨皮

Step1：打开配套素材【第10章实例 > 10.8.3文件夹 > 素材】导入，创建新合成命名为【磨皮】，时间长度为【5秒】。

Step2：添加特效【效果 > 杂色和颗粒 > 移除颗粒】，设置好中心点位置，打开关键帧。设置参数如图10-91、图10-92所示。

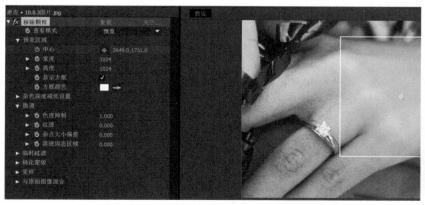

图10-91

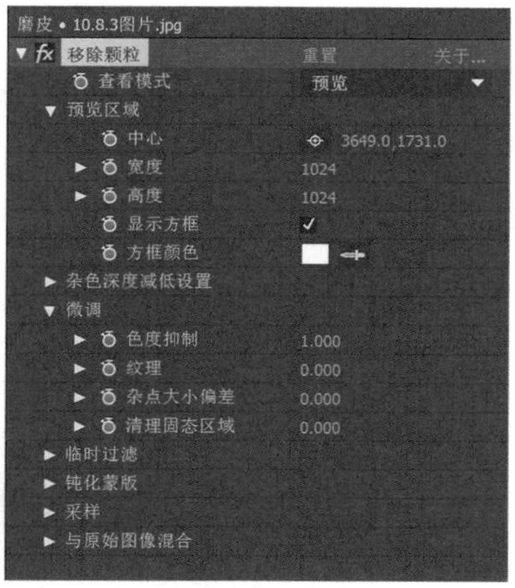

图10-92

Step3：关键帧设置效果，如图10-93、图10-94所示。

图10-93

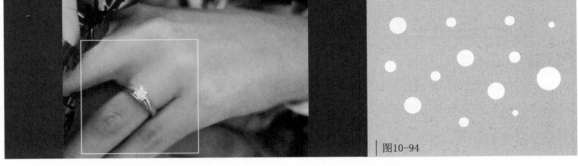

图10-94

实例解析：

本实例主要讲解【移除颗粒】滤镜使用技巧。本实例制作难点如下：

查看模式最后需要选择查看完整效果。

10.8.4 实例——手写字特效

Step1：打开配套素材【第10章实例 > 10.8.4文件夹 > 素材】导入，创建新合成命名为【手写字】，时间长度为【5秒】。

Step2：添加背景后（这一步可省略，也可以创建纯色图层作为背景），点击【钢笔工具】，画出想要的曲线或笔迹，如图10-95、图10-96所示。在钢笔工具形成的图层上，添加写入效果，【效果 > 生成 > 写入】，在颜色属性调节适合的颜色，或者使用吸管操作，如图10-97所示。

图10-95

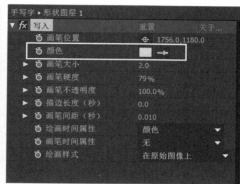

图10-96

图10-97

Step3：打开【画笔位置】关键帧，点击【中心点图标】，移到相应位置。点击【PgDn】（PageDown），
移动画笔位置设置下一帧，之后以此类推，直至笔迹被勾勒完整，如图10-98、图10-99所示。移动的位置距离越
大，写入效果的速度越快；移动的位置距离越小，写入效果的速度越慢，这里我们设置从慢到快的写入效果。

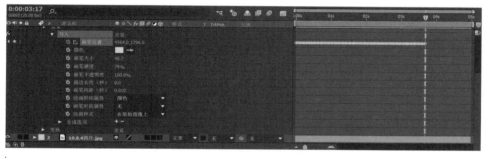

图10-98

图10-99

Step4：写入断开的笔画，再次点选【钢笔工具】，创
建路径之后，会有新的形状出现，如图10-100所示。在新
的形状上，再次添加【写入】效果，方法与之前一样。在时

图10-100

间轴上，第二个笔画出现的位置，设置成与之前的笔画的最后一帧重合，【PgDn】制作剩下的几帧动画，如图10-101所示。

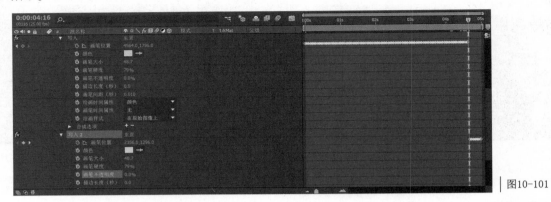

图10-101

Step5：打开【画笔不透明度】的关键帧，分别在两个形状的最开头处，设置由【0】到【100】的透明度变化，如图10-102、图10-103所示。

Step6：最后写入效果，如图10-104所示。

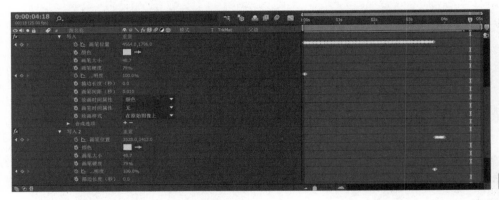

图10-102

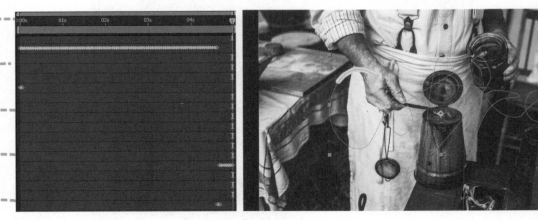

图10-103

图10-104

实例解析：

本实例主要讲解【写入】滤镜的使用技巧，制作难点如下：

①写入只能用于路径，不能用于【画笔工具】。

②【PgDn】下一帧；【PgUp】上一帧。

③添加写入效果之后，也可以用【Ctrl+Shift+Y】更改写入笔画的颜色。

完成后，【选中所有关键帧 > 按住Alt】，关键帧等比例拉大。

本章小结：

本章主要讲解了After Effects软件内置的一些特效滤镜的使用方法，掌握这些特效滤镜的使用是影视后期制作的基础。本章学习的特效滤镜相对于在实际应用中众多的滤镜效果还只是很小的一部分，所以理解特效运行的原理，掌握特效使用的方法，通过特效组合达到预期的效果，还需要在实践中反复练习才行，这也是学好特效使用的正确途径。通过本章的学习，主要应了解掌握以下知识要点：

1. 常用内置滤镜的使用技巧。

2.【写入】滤镜的使用技巧。

3.【置换映射】滤镜的使用技巧。

第 11 章　外挂特效插件

本章学习要点：

　　1. 掌握外挂插件的安装方法。

　　2. 掌握Trapcode插件的参数设置。

　　3. 掌握插件基础运用技巧。

　　通过上一章节的学习，了解了After Effects软件内置的丰富的特效滤镜。除了内置滤镜After Effects外还支持相当多的外挂滤镜插件。所谓外挂滤镜插件是指第三方公司开发的特效滤镜，其特效滤镜使用更便捷、效果更绚丽、功能更丰富。但需要单独安装到After Effects软件中。外挂插件是影视特效制作中不可缺少的一部分，许多复杂的特效都需要外挂插件的参与。本章将介绍几种常用的外挂特效插件及运用方法。

11.1 外挂特效插件的安装方法

11.1.1 EXE类型执行文件插件安装方法

此种方法最为智能简单，这里以安装Trapcode插件包为例进行说明。

Step1：双击Trapcode Suite Setup.exe执行文件，弹出安装界面单击下一步【Next】，如图11-1、图11-2所示。

Step2：弹出软件协议，单击【Yes】，如图11-3所示。

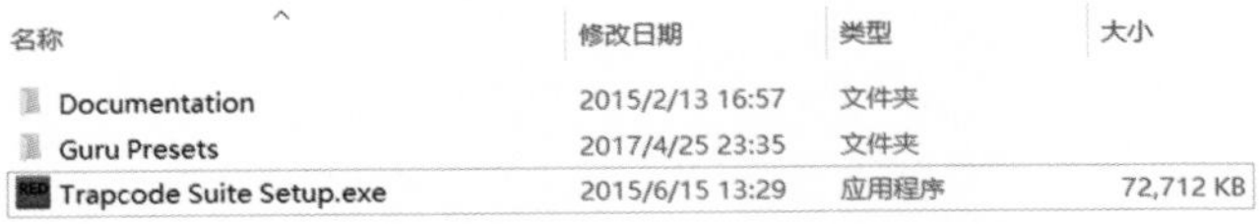

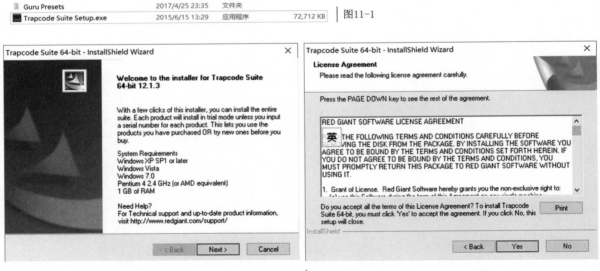

图11-1

图11-2

图11-3

Step3：勾选插件包中相应插件，单击下一步【Next】，如图11-4所示。

Step4：选择相应安装软件版，这里勾选After Effects CC。单击下一步【Next】，等待安装结束，如图11-5所示。

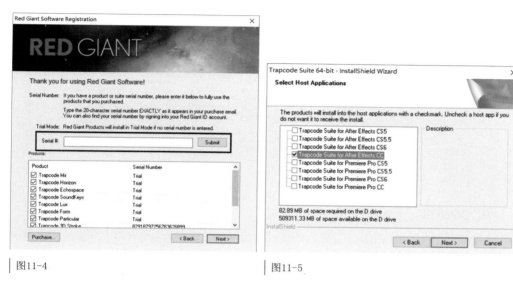

图11-4　　　　　　　　　　　　　　　　　　图11-5

小贴士：大部分的第三方插件需要购买注册，如已购买该插件则在Serial中输入序列号，单击Submit注册，这样安装的为注册版插件。如不输入序列号，该插件为试用版，一般试用版本有使用期限或者水印。

Trapcode插件安装相对智能，可以自动识别软件安装目录。对于需要手动选择安装目录的插件，一般安装路径为（C:\Program Files\Adobe\Adobe After Effects CC 2017\Support Files\Plug-ins）。

11.1.2 绿色版本插件安装方法

某些插件在下载后没有EXE类型文件，需要手动将插件复制到软件目录中。After Effects插件文件后缀为.aex文件，如图11-6所示。对于这类插件只需要将.aex文件复制到（C:\Program Files\Adobe\Adobe After Effects CC 2017\Support Files\Plug-ins）文件夹下即可。

11.1.3 插件的卸载

外挂插件的卸载可以通过以下两种方式完成。

①直接在C:\Program Files\Adobe\Adobe After Effects CC 2017\Support Files\Plug-ins文件夹下删除相应插件。

②通过开始菜单>控制面板>卸载程序，找到相应插件程序进行删除，如图11-7所示。

小贴士

装插件后找不到插件，表示插件的安装路径错了，去AE的插件目录（C:\Program Files\Adobe\Adobe After Effects CC\Support Files\Plug-Ins\Trapcode）查看，如果没有相应插件文件，可以到（C:\Program Files\Adobe\Common\Plug-Ins\7.0\

Mediacore\Trapcode）文件夹查看，将安装错误路径的文件复制回正确的目录。

图11-7

11.2 Trapcode滤镜插件包

Trapcode滤镜插件包是After Effects重要的外挂滤镜插件包，可以为制作丰富的光特效、粒子效果等。其中Shine、3Dstroke、Particular、Mir、Form较为常用，如图11-8所示。

图11-8

11.2.1 Shine（扫光）滤镜

Shine（扫光）滤镜是使用频率非常高的光特效滤镜，常用来制作文字扫光效果、物体发光效果。使用该滤镜效果及参数面板，如图11-9、图11-10所示。

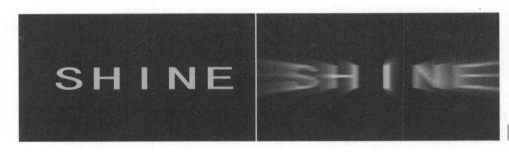

图11-9

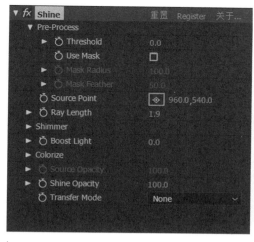

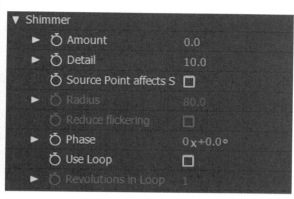

图11-10　　　　　　　　　　　　图11-11

参数详解:

【Pre-Process（预处理）】

【Thereshold（阈值）】设置扫光的光束区域。

【Use Mask（使用蒙版）】勾选此选项，可以对扫光效果设置蒙版。

【Ray Length（光线长度）】设置光线发射的长度，数值越大，光线发射越长。

【Shimmer（光效）】设置发光效果细节，如图11-11所示。

【Amount(数量）】设置辉光的影响程度。

【Detail（细节）】辉光细节。

【Source Point affects S（光束影响）】光束中心是否对辉光发生作用。

【Radius（半径）】辉光受光束中心影响半径。

【Reduce flickering（减少闪烁）】勾选此选项，减
少闪烁。

【Phase（相位）】设置辉光相位。

【Use Loop（使用循环）】是否循环。

【Revolutions in Loop（循环中辉光相位）】控制在
循环中辉光的圈数。

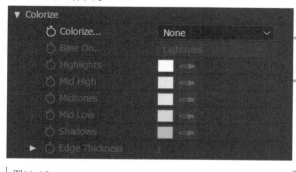

图11-12

【Boost Light（光线亮度）】设置光效亮度。

【Colorize（颜色）】用来设置光线颜色，如图11-12所示。

【Colorize（颜色模式）】通过下拉列表，设置不同的颜色模式，包括25种颜色模式。

【Base On（通道选项）】设置光线效果的输出通道，共7种模式，分别是：Lightness（明度）、
Luminance（亮度）、Alpha（通道）、Alpha Edges（通道边缘）、Red（红色）、Green（绿色）、Blue
（蓝色）。

【Edge Thickness（边缘厚度）】控制光线边缘厚度。

【Source Opacity（素材透明度）】设置光线透明度。

【Transfer Mode（叠加模式）】设置光线叠加模式。

11.2.2 3D Stroke（3D描边）滤镜

3D Stroke（3D描边）滤镜可以将素材图层中的路径转化为线条，可以制作丰富的描边动画效果。使用该滤镜效果及参数面板，如图11-13、图11-14所示。

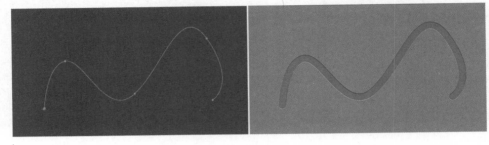

图11-13

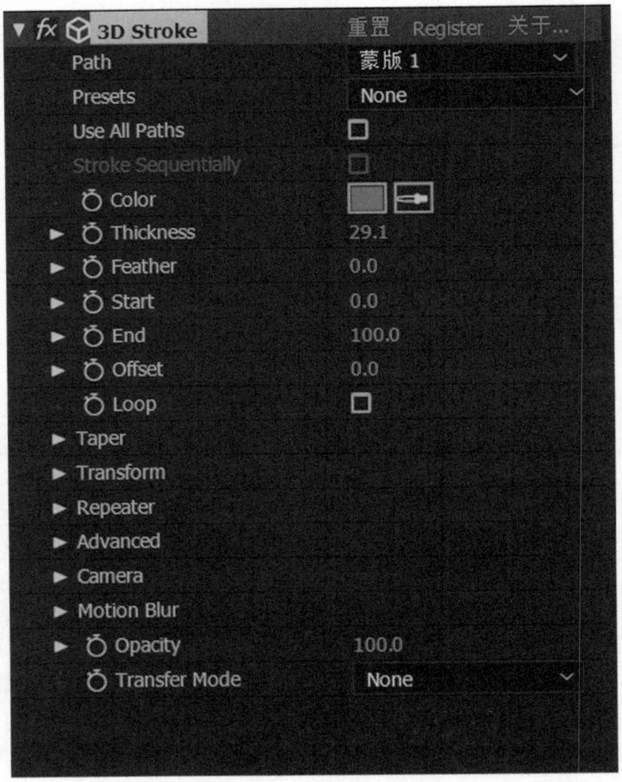

图11-14

参数详解：

【Path（路径）】设置描边滤镜。

【Presets（预设）】插件预设描边效果。

【Color（颜色）】设置描边颜色。

【Thickness（厚度）】设置描边厚度。

【Feather（羽化）】设置描边羽化程度。

【Start（开始）】控制描边路径的起点。

【End（结束）】控制描边路径的结束点。

【Offset(偏移）】设置描边偏移值。

【Loop（循环）】控制描边路径是否循环。

【Taper（端点）】设置端点锥形效果，效果如图11-15所示。

【Transform（变换）】设置路径的位置、旋转、弯曲等属性，如图11-16所示。

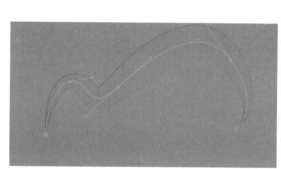

图11-15

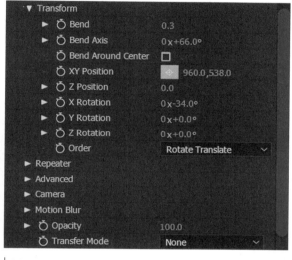

图11-16

【Bend（弯曲）】控制路径弯曲程度。

【Bend Axis（弯曲角度）】设置路径弯曲角度。

【Bend Around Center（围绕中心弯曲）】勾选此选项，围绕中心点弯曲。

【XYZ Position（XYZ位置）】设置路径位置属性。

【XYZ R Rotation（XYZ旋转）】设置描边路径旋转属性。

【Order（顺序）】设置描边路径位置与旋转的顺序。

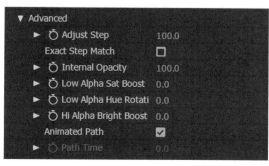

图11-17

图11-18

【Repeater（重复）】设置描边路径的重复数量。

【Advanced（高级）】设置描边路径的高级属性，如图11-17所示。

【Adjust Step（调整步幅）】设置描边路径的重复程度。数值越大，描边间距越大。效果如图11-18所示。

【Exact Step Match（精确匹配步幅）】勾选此选项，精确匹配步幅。

【Internal Opacity（内部不透明度）】设置描边线条内部不透明度。

【Low Alpha Sat Boost（Alpha通道饱和度）】设置线条Alpha通道饱和度。

【Low Alpha Hue Rotati（Alpha通道色相旋转）】设置线条Alpha通道色相。

【Hi Alpha Bright Boost（Alpha通道亮度）】设置线条Alpha通道亮度。

【Camera（摄像机）】设置摄像机属性。

【Motion Blur（运动模糊）】设置描边运动模糊效果。

【Opacity（不透明度）】设置描边路径不透明度。

【Transfer Mode（叠加模式）】设置描边路径与当前图层混合模式。

11.2.3 Form（形状）滤镜

Form（形状）滤镜可以生成三维粒子效果，但生成粒子没有生命周期是一直显示在合成中。该滤镜可通过映射图层来产生粒子动画。另外，还可以通过音频分析器提取音乐频率数据驱动粒子动画。滤镜效果及参数面板，如图11-19、图11-20所示。

图11-19　　　　　　　　　　　　　　　　图11-20

参数详解：

【Base Form（基础形状）】设置Form粒子的类型、大小、密度、数量等属性参数，如图11-21所示。

【Base Form（基础网格）】设置网格类型，包括：Box-Grid（网格立方体）、Box-Strings（线条立方体）、Sphere-layered（球形）、OBJ model（OBJ模型）。

【Size XYZ（轴向大小）】设置X/Y/Z轴向的大小。

【Particles in XYZ（轴向粒子数量）】设置X/Y/Z轴向粒子数量。

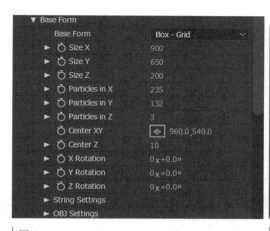

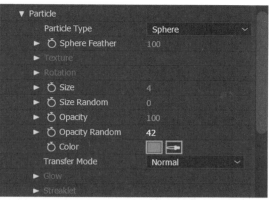

图11-21　　　　　　　　　　　　　　图11-22

【XYZ Rotation（轴向旋转）】设置X/Y/Z轴向旋转。

【String Settings（线性设置）】当选择网格类型为Box-Grid（网格立方体）时，可设置该选项。

【OBJ Settings（OBJ模型设置）】当导入OBJ格式三维模型时进行相关设置。

【Particle（粒子）】设置粒子发射相关参数，如图11-22所示。

【Particle Type（粒子类型）】设置生成粒子形状，包含11种类型。

【Sphere Feather（羽化）】设置粒子边缘羽化程度。

【Size（大小）】设置粒子大小。

【Size Random（大小随机值）】设置粒子大小的随机程度。

【Opacity（不透明度）】设置粒子的不透明度数值。

【Opacity Random（不透明度随机值）】设置粒子不透明度随机值。

【Color（颜色）】设置生成粒子颜色。

【Transfer Mode（叠加模式）】设置粒子与原素材叠加模式。

【Glow（光晕）】设置粒子光晕相关属性。

【Streaklet（烟雾）】设置烟雾形状相关属性。

【Shading（着色）】该选项参数主要用来设置合成灯光与粒子的相互作用。

【Qudik maps（快速映射）】该选项参数用来改变粒子网格的状态。

【Layer maps（图层映射）】通过映射图层的信息来改变粒子网格的状态，如图11-23所示。

图11-23

【Color And Alpha（颜色与通道）】通过映射图层信息改变粒子网格的颜色与形状。

【Displacement（置换）】设置映射图层的亮度信息改变粒子位置。

【Size（大小）】通过亮度信息改变粒子大小。

【Fractal Strength（分形强度）】通过映射图层的亮度信息改变粒子躁动范围。

【Disperse（分散）】控制粒子Disperse And Twist（分散与扭曲）选项效果。

【Rotate（旋转）】控制粒子旋转参数。

【Audio React（音频反应）】通过音轨控制粒子网格的状态。

【Disperse And Twist（分散与扭曲）】控制空间中粒子网格分散与扭曲效果，如图11-24、图11-25所示。

图11-24   图11-25

【Fractal Field(分形场)】产生类似于分形噪波效果。

【Spherical Field（球形场）】设置噪波受球形立场的影响，如图11-26所示。

【Kaleidospace（Kaleido空间）】设置粒子在三维空间的对称模式，如图11-27所示。

图11-26   图11-27

　　【Mirror Mode（镜像模式）】设置对称模式，包括：Off（关闭）、Horizontal（水平）、Vertical（垂直）和H+V（水平垂直）。

　　【Behaviour（行为）】设置对称方式，选择Mirror And Remove（镜像和移动）方式，只显示一半镜像；选择Mirror Everything（径向所以）方式，所有图层都被镜像。

　　【Center XY（XY中心）】设置对称中心。

　　【World Transform（坐标空间变换）】设置粒子场的位置、大小、方向等。

【Visibility（看见）】设置粒子可视范围。

【Render Mode（渲染模式）】设置Form粒子渲染模式。

11.2.4 Particular（粒子）滤镜

Particular（粒子）滤镜功能强大，通过该滤镜可以模拟真实的烟雾、爆炸、流体光线等特效，并且可以与三维图层产生真实的物理效果。滤镜效果与参数面板，如图11-28、图11-29所示。

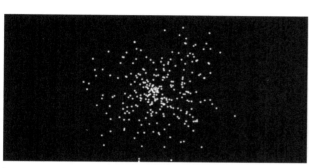

图11-28

图11-29

图11-30

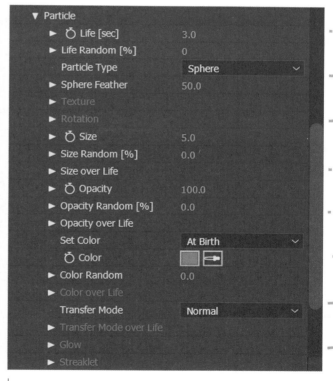

图11-31

参数详解：

【Emitter（发射）】该选项设置粒子生成的位置、速度、方向等，如图11-30所示。

【Particles / Sec（每秒/发射粒子数量）】通过数字调整控制每秒发射粒子数量。

【Emitter Type（发射类型）】粒子发射类型。

【Position XYZ（粒子位置）】设置粒子位置。

【XYZ Rotation（x、y、z轴向旋转）】控制发射器旋转方向。

【Velocity（速率）】控制发射粒子速率。

【Velocity Random（随机速率）】控制粒子速度的随机值。

【Velocity Distribution（运动速率）】粒子运动速度。

【Emitter Size XYZ（发射器轴向大小）】设置发射器轴向大小。在Emitter Type（发射类型）为Layer、Layer Grid时，只能设置Z轴向。

【Particle（粒子）】该选项主要设置粒子大小、透明度、颜色属性，如图11–31所示。

【Life（生命）】设置粒子生命周期。

【Life Random（生命周期随机值）】控制粒子生命周期随机性。

【Particle Type（粒子类型）】设置粒子类型。

【Size（尺寸）】设置粒子大小。

【Size Over Life（粒子死亡后大小）】控制粒子死亡后大小。

【Opacity（不透明度）】设置粒子不透明度数值。

【Set Color（设置颜色）】设置粒子颜色。At Birth（出生）；Overlife（生命周期）；Random From Gradient（随机）。

【Transfer Mode（合成模式）】设置粒子的叠加模式。

【Shading（着色）】该选项主要设置粒子与场景灯光的相互作用。

【Physics（物理）】该选项主要设置粒子发射后的运动参数，如图11–32所示。

【Physics Model（物理模式）】该选项包含两种模式：Air（空气）；Bounce（弹跳）。

【Gravity（重力）】粒子以模拟自然方式掉落。

【Physics Time Factor（物理时间因素）】调节粒子运动速度。

【Aux system（辅助系统）】该选项主要设置粒子辅助相关参数，如图11–33所示。

【Emit（发射）】粒子发射包含三个选项：Off（关闭）、At Bounce Event（碰撞事件）、Continously（连续）。

【Particles/Collision（粒子碰撞事件）】设置粒子碰撞参数。

【Type（类型）】用来控制AUX粒子类型。

【Velocity（速率）】设置AUX粒子速率。

【Size（尺寸）】设置AUX粒子大小。

【Size Over Life（粒子死亡后大小）】设置粒子死亡后大小。

【Color From Main（颜色来自主系统）】设置AUX与主系统粒子颜色一样。

【Gravity（重力）】粒子以自然方式降落。

【Transfer Mode（叠加模式）】设置粒子叠加模式。

【World transform（坐标空间变换）】设置视角的旋转和位移状态。

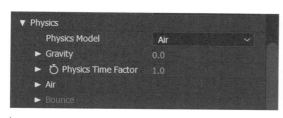

图11-32

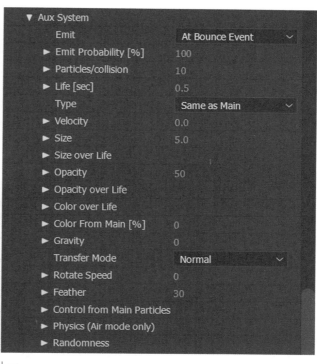

图11-33

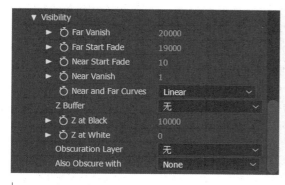

图11-34

【Visibility（可视）】该选项主要设置粒子可视参数，如图11-34所示。

【Far Vanish（远景盲区）】设置远景不可见区域。

【Far Start Fade（远景淡出）】设置远景淡出区域。

【Near Start Fade（近景淡出）】设置近景淡出区域。

【Near Vanish（近景盲区）】设置近景不可见区域。

【Rendering（渲染）】该选项主要设置渲染方式。

11.2.5 Mir滤镜

Mir滤镜可以创建丰富的流体动画效果。该插件有极高的运算速度，对灯光、摄像机都有很好的支持。从流体、星空、抽象图案，都可以通过Mir来完成。效果与参数面板，如图11-35、图11-36所示。

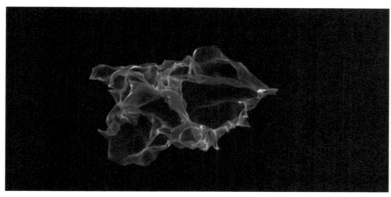

图11-35

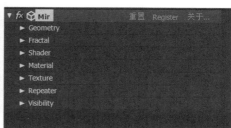

图11-36

参数详解：

【Geometry（几何体控制）】该选项主要设置大小、位置、旋转等参数，如图11-37所示。

【Position XYZ（轴向位置）】设置X/Y/Z轴向位置。

【Rotate XYZ（轴向旋转）】设置X/Y/Z轴向旋转。

【Vertices XY（轴向数目）】设置X/Y轴向数目。

【Sizexy（XY轴向尺寸）】设置几何体大小。

【XY Step（XY步幅）】设置几何体形态。增大步幅效果，如图11-38所示。

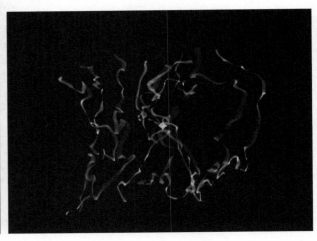

图11-37　　　　　　　　　　　　　　　　　　　　　图11-38

【Bend XY（XY弯曲）】控制轴向的弯曲程度。

【Reduce Geometry（低精度设置）】通过该选项可控制流体预览效果。通过降低精度达到快速预览的目的。

【Fractal（分形场）】设置几何体扰动置换效果，如图11-39所示。

【Amplitude（扰动强度）】控制几何体扭曲程度。

【Frequency（扰动频率）】控制几何体扰动细节。

【Evolution（变化）】设置随机扰动效果。

【Offset XYZ（轴向偏移）】设置扰动在几何体轴向上的偏移效果。

【Scroll XY（轴向穿梭）】设置扰动在几何体轴向上穿梭效果与偏移效果类似。

【Complexity（细节）】控制扰动的平滑程度。

【Oct Scale/Oct Mult（细节缩放/细节倍增）】控制扰动细节。

【Amplitude XYZ（轴向扰动强度）】控制各轴向扰动强度。

【Frequency XYZ（轴向扰动频率）】控制各轴向扰动频率。

【Fbend XY（弯曲控制）】控制添加扰动效果的几何体弯曲程度。

【Amolitude Layer（强度映射层）】指定黑白图层来控制扰乱效果。

【Shader（着色器）】设置流体特效的颜色，如图11-40所示。

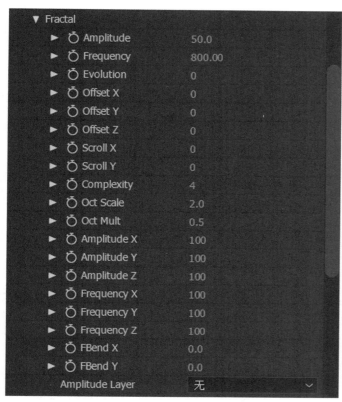

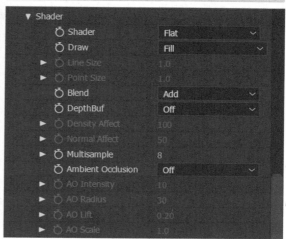

图11-39

图11-40

【Shader（着色方式）】该选项提供三种着色模式，分别是Density、Phong、Flat。效果如图11-41至图11-43所示。

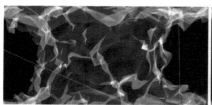

图11-41

图11-42

图11-43

小贴士：

设置着色方式时，添加照明图层到场景中可以更好地观察着色类型的区别。

【Draw（绘画)】该选项可以设置渲染类型。该选项包括Point、Wireframe、Fill、Frontfill、Backwire，效果如图11-44所示。

【Line Size（线粗细）】当设置为Wireframe方式时，可以设置线的粗细。

【Point Size（点大小）】当设置为Point方式时，可以设置点的大小。

【Blend】设置混合模式。

【Multisample（多重采用）】设置抗锯齿采样值。

【Material（材质设置）】如图11-45所示。

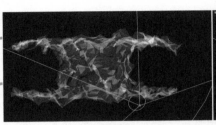
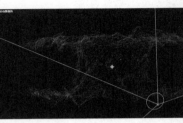

图11-44

图11-45

【Color】设置材质颜色。

【Nudge Colors（颜色微调）】设置每个点的颜色丰富程度。

【Opacity（不透明度）】设置不透明度。

【Ambient（环境光）】设置材质受环境光的影

像程度。

【Diffuse】设置漫反射强度。

【Specular】设置高光亮度。

【Specular Shininess】设置高光范围。

【Falloff】高光衰减。

【Texture（纹理）】如图11-46所示。

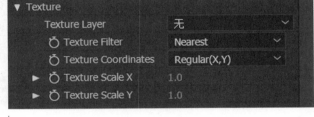

图11-46

【Texture Layer（纹理图层）】设置映射纹理图层，如图11-47所示。

【Texture Filter（纹理过滤）】该选项包含两种模式：Nearest(最近)、Linear（线性）。

【Texture Coordinates（纹理坐标）】设置纹理坐标。

【Texture Scale X/Y（纹理缩放）】设置X/Y坐标方向纹理缩放。

【Repeater（重复）】如图11-48所示。

图11-47

图11-48

【Instances（重复）】复制多个对象。

【R Opacity（衰减透明度）设置透明度衰减。

【R Scale】缩放。

【R Rotate X/Y/Z】设置 X/Y/Z轴向旋转。

【R Translate X/Y/Z（轴向偏移）】设置 X/Y/Z 轴向偏移。

【Visibility（可见性）】如图11-49所示。

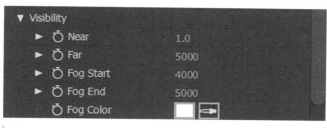

图11-49

【Near / Far（远景/近景）】设置预览远近范围。

【Fog Start / End】设置雾化的开始/结束位置。

【Fog Color（雾化颜色）】设置雾化颜色。

11.3本章实例

11.3.1 实例——动感光线

Step1：创建新合成命名为【颜色置换】，合成大小【1280px×720px】，时间长度为【5秒】。

图11-50

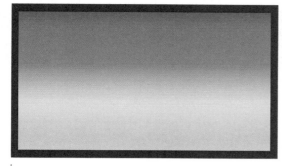

图11-52

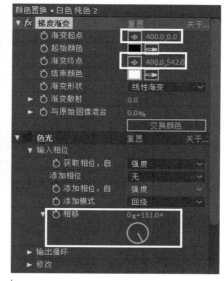

图11-51

Step2：创建一个【纯色】图层，执行【梯度渐变滤镜】，为合成制作一个黑白渐变效果，如图11-50所示。然后执行【色光】滤镜，调节【相移】参数。具体效果及参数，如图11-51、图11-52所示。

Step3：选择【纯色】层，将【缩放】属性为【215%，215%】，为图层【旋转】属性设置关键帧。两个关键帧间隔【5秒】，第一帧为【0x】，第二帧为【4x】，如图11-53所示。

图11-53

Step4：再次创建一个新的合成，重命名为【最终粒子效果】合成大小、时长与【颜色置换】合成相同。然后创建一个新的【纯色】图层，命名为【粒子】，执行【Form】滤镜。展开【Base Form】【String Settings】选项，设置参数如图11-54所示。

Step5：接着展开【Paricle】粒子参数，设置粒子类型为【Glow Sphere】，具体参数如图11-55所示。

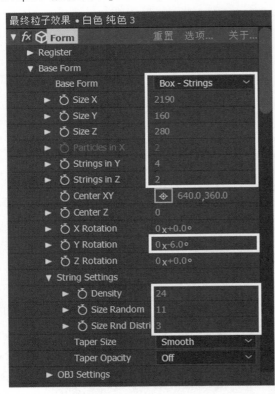

图11-54

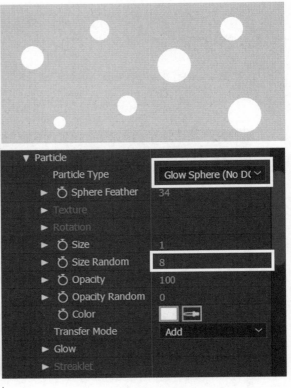

图11-55

Step6：将【置换图层】合成拖拽到【最终粒子效果】合成中，关闭【可见】按钮。然后选择【粒子】图层滤镜展开【Layer Maps】选项，设置【置换图层】，具体参数及效果，如图11-56、图11-57所示。

Step7：为光线制作波动动画，展开【Form】中的【X Ratation】属性设置关键帧动画，在【0秒】位置

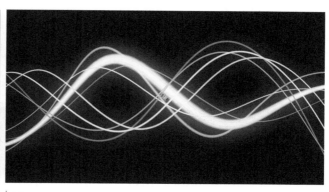

图11-56　　　　　　　　　　　　　　　　　　　图11-57

【0x+0】，在【5秒】位置为【0x+−250】，如图11-58所示。

　　Step8：为光线添加入场动画，创建一个新的合成，重命名为【入场动画】合成大小、时长与【最终粒子效果】合成相同，背景色为黑色。在【入场动画】合成下创建一个【白色纯色图层】命名为【遮罩】，使用【矩形工具】绘制遮罩，设置【羽化值】，效果如图11-59所示。

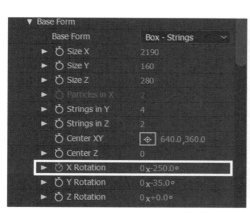

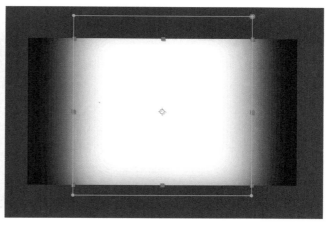

图11-58　　　　　　　　　　　　　　　　　　　图11-59

图11-60

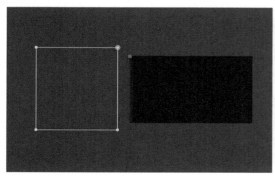

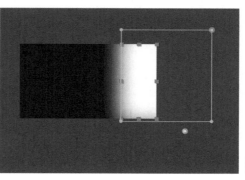

图11-61

Step9：为遮罩制作位移动画，使遮罩从左侧进入，水平移动到右侧消失。具体参数效果，如图11-60、图11-61所示。

Step10：将【入场动画】合成拖拽到【最终粒子效果】合成中，隐藏图层。然后选择【粒子】图层，在特效面板中，展开【Layer Maps】下的【Size】选项，设置【Layer】属性，如图11-62、图11-63所示。

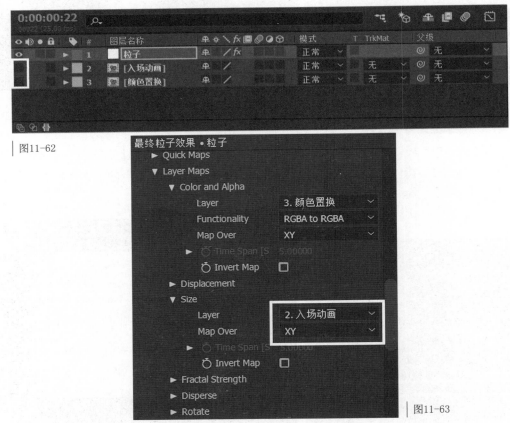

图11-62

图11-63

Step11：为合成制作摄像机动画，首先创建一个【空对象】。再创建一个【摄像机】，将【摄像机】父级关系设置成【空对象】，如图11-64所示。

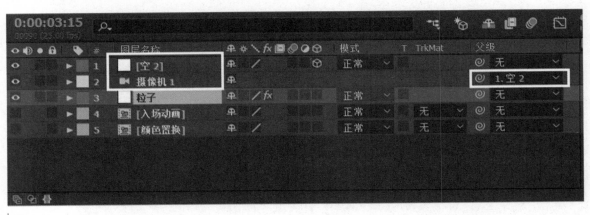

图11-64

Step12：选择【空对象】，开启【3D】图层，展开图层属性面板。设置关键帧动画，激活【Y轴旋转】关键帧，分别在【0秒】位置，设置为【0x-57】；在【1秒】位置，设置为【0x+37】；在【3秒】位置，设置为【0x+49】。然后激活【Z轴旋转】关键帧，分别在【1秒】位置，设置为【0x0】；在【3秒】位置，设置为【0x-62】，如图11-65所示。

图11-65

Step13：预览效果，输出动画。

实例解析：

本实例主要讲解【Form】粒子基础运用以及如何运用【置换贴图】制作彩色光线效果。本案例制作要点如下：

①调整【颜色置换】层的【缩放】属性目的是在图层选择过程中，合成窗口中不会透出背景色。做旋转动画的目的是使光线有颜色流动效果。

②在为【Form】添加【入场动画】图层、【颜色置换】图层时，要将图层设置为隐藏。原理与轨道蒙版类似。

③【Form】中粒子数量不宜过大，数量越多渲染速度越慢。如预览效果卡顿，可降低预览分辨率，如图11-66所示。

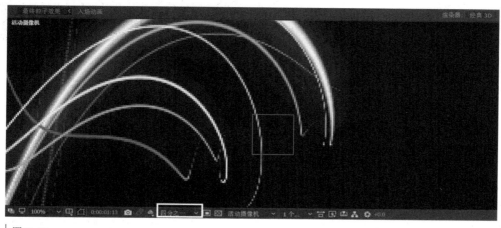

图11-66

④利用【空对象】制作摄像机动画时，需要通过【空对象】图层属性控制摄像机，而不是通过摄像机工具控制，通过【空对象】控制摄像机在制作某些效果时更为便捷。

11.3.2 实例——飘散粒子

Step1：打开配套素材【第11章实例 > 11.3.2文件夹 > 素材】导入，创建新合成命名为【飘散粒子】。时间长度为【5秒】。

Step2：创建一个新的合成，合成大小为【1280px×720px】背景色为【黑色】，重命名为【飘散粒子】。然后创建一个文字图层，输入【AFFTER EFFECTS】，调整字体大小及位置，如图11-67所示。 选择【文字】图层，执行【梯度渐变】滤镜改变文字颜色，具体参数及效果，如图11-68所示。

图11-67

图11-68

Step3：选择【文字】图层，执行【预合成】，重命名为【文字映射】，将【文字映射】转化为3D图层。

Step4：创建一个新的合成，合成大小与【飘散粒子】相同，重命名为【粒子】。将【文字映射】合成拖拽到【飘散粒子】合成下。然后在【飘散粒子】合成下创建一个【黑色】纯色图层，重命名为【粒子】，如图11-69所示。

图11-69

Step5：选择【粒子】图层，执行【Particular】粒子滤镜。在【效果控制】面板【Particular】参数中，设置【Emitter】参数。设置【Emitter Tpe】发射器类型为【Layer】，然后设置【Layer Emitter 】图层发射器为【文字映射】。详细设置参数，如图11-70所示。

Step6：调节粒子削减效果，展开【Particle】粒子选项，分别设置【Life Random】【Size】参数。然后设置【Size Over Life】【Opacity Over Life】参数为线性衰减。最后设置【Transfer Mode】为【Add】模式。具体参数如图11-71所示。

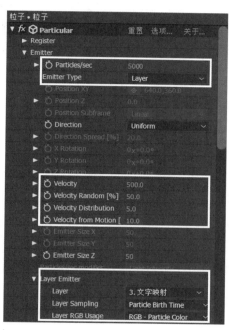

图11-70

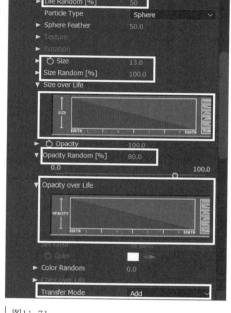

图11-71

Step7：设置粒子形态，展开【Physics】选项，分别设置【Air Resistance】【Spin Amplitude】参数。然后将【Wind X / Y / Z】分别设置为【300、-150、-95】。最后设置【Turbulence Field】参数。具体参数如图11-72所示。

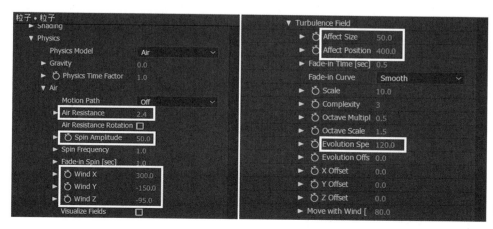

图11-72

Step8：设置粒子动态模糊，展开【Rendering】渲染参数，设置【Motion Blur】为【On】参数及效果，如图11-73、图11-74所示。

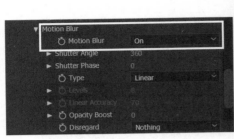

图11-73

图11-74

Step9：选择【粒子】图层，执行【线性擦除】滤镜。设置【擦除角度】为【0x+120】，羽化值为【110】。激活【过渡完成】选项关键帧记录器，在【0秒】位置为【0%】；在【1秒】位置为【30%】；在【2秒】位置为【70%】；【3秒23帧】为【100%】，如图11-75所示。

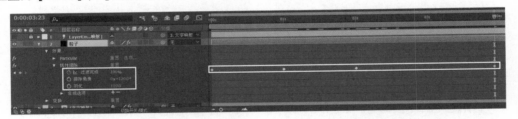

图11-75

Step10：选择【文字映射】图层，执行【线性擦除】滤镜。设置【擦除角度】为【0x-90】，羽化值为【50】。激活【过渡完成】选项关键帧记录器，在【0秒】位置为【100%】；在【1秒】位置为【80%】；在【2秒】位置为【30%】；【3秒】为【15%】；在【5秒】为【100%】，如图11-76所示。

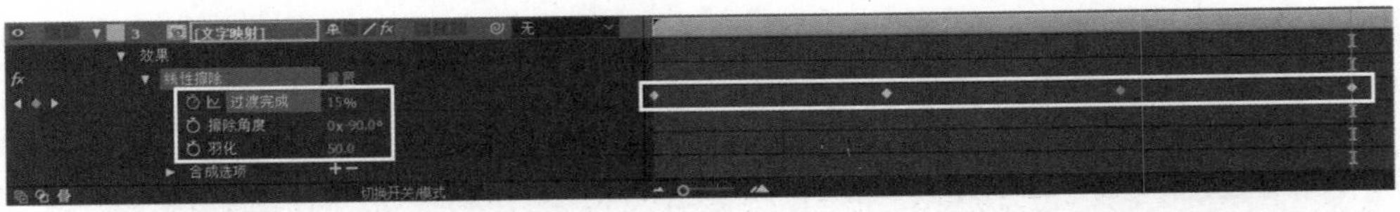

图11-76

Step11：选择【粒子飘散】合成，将【粒子】合成拖拽到时间线窗口。然后将【云】素材拖拽到时间线

图11-77

图11-78

窗口。选择【云】图层，执行【黑色与白色】滤镜调节参数，具体参数效果，如图11-77、图11-78所示。

Step12：预览效果，输出动画。

实例解析：

本实例主要讲解通过对【Particular】粒子滤镜进行参数设置并制作粒子飘散效果。本实例制作难点如下：

①作为映射图层的文字部分需要先预合成后再导入到粒子合成中。

②设置粒子颜色与文字颜色一致需要Emitter Type（发射器类型）、Layer Emitter（图层发射器）分别设置为layer、文字映射图层。同时layer RGB Usage（图层颜色）为RGB-Particle Color选项。

③为粒子图层、文字映射图层设置擦除动画时需要注意擦除角度的正负值。

11.3.3 实例——低面风格山脉

Step1：创建新合成命名为【山脉】，合成大小【1280px×720px】，时间长度【5秒】。

Step2：创建一个【纯色层】重命名为【背景】，然后执行【梯度渐变】，设置【渐变形状】为【径向渐变】，接着设置渐变颜色具体参数及效果，如图11-79、图11-80所示。

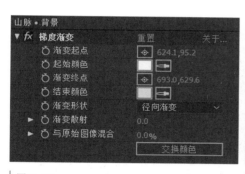

图11-79

图11-80

Step3：再次创建一个【纯色】图层命名为【山脉】，执行【Mir】流体滤镜。选择【效果控制】面板，展开【Geometry】几何体选项调整流体尺寸，具体参数如图11-81所示。

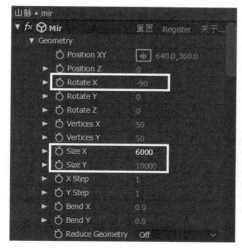

图11-81

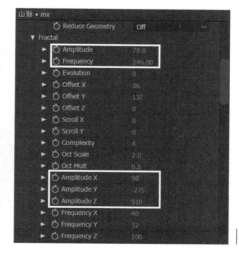

图11-82

Step4：展开【Fractal】分形场选项，设置【Amplitude】扰动强度参数、【Frequency】简化参数。然后调整【Amplitude X / Y / Z】参数，调整山脉形态，具体参数如图11-82所示。

Step5：创建一个新的【摄像机】，选择【15mm】勾选【启用景深】；接着创建一个【空对象】重命名为【摄像机控制】，开启【3D图层】，将【摄像机控制】图层移动到【摄像机】图层上方；再将【摄像机】父级关系设置为【摄像机控制】；最后展开【摄像机控制】图层属性，通过【位置】属性控制合成中画面位置，如图11-83所示。

图11-83

Step6：选择【山脉】图层在【效果控制】面板，并展开【Shader】着色选项。设置【Shader】为【Flat】【Blend】叠加模式及【Normal】选项。

Step7：创建一个【灯光】类型为【点光源】，调节灯光位置到适合位置，如图11-84所示。

Step8：选择【山脉】图层在【效果控制】面板，并展开【Material】着色选项。设置【Color】颜色、【Specular】高光、【Diffuse】漫反射强度参数。然后设置【Falloff】衰减选项为【Distance Squared】模式，【Radius】半径为【6500】，具体参数如图11-85所示。

图11-84

图11-85

Step9：展开【Visibility】可见度选择，调整山脉景深效果。具体参数及效果，如图11-86、图11-87所示。

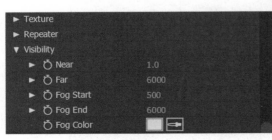

图11-86

图11-87

Step10：调整合成颜色，创建一个【调整层】重命名为【色调】。执行【曲线】滤镜，调整【RGB】【蓝色】【红色】通道曲线，具体参数如图11-88所示。

Step11：创建一个【调整层】重命名为【暗角】，执行【曲线】滤镜调暗画面效果。创建一个【椭圆形】遮罩勾选【反转】，设置【蒙版羽化】值为【456，456】，设置【蒙版不透明度】为【60%】，如图11-89所示。

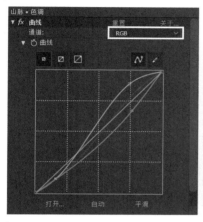

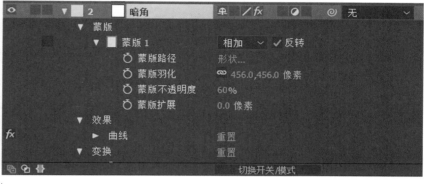

图11-88　　　　　　　　　　　　图11-89

Step12：创建一个【调整层】命名为【光晕】，执行【镜头光晕】滤镜。调整【光晕中心位置】，激活【光晕亮度】关键帧。【0秒15帧】位置为【0%】；【5秒】位置为【300%】，如图11-90所示。

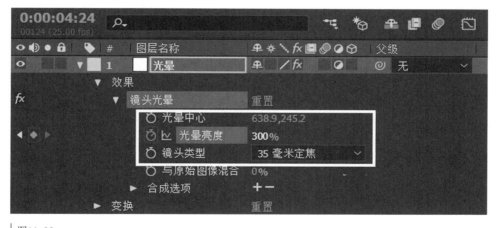

图11-90

Step13：制作摄像机动画，选择【摄像机控制】图层在【位置】属性设置关键帧。在【0秒】位置数值为【334，-20，20】；在【4秒】位置数值为【334，-578，1551】，如图11-91所示。

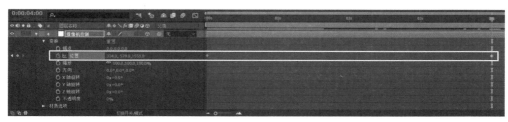

图11-91

Step14：预览效果，输出动画。

实例解析：

本实例主要讲解通过【Mir】滤镜插件制作低面风格山脉形态以及配合摄像机动画完成镜头推移效果。本案例制作难点如下：

①通过设置【Mir】参数制作山脉形态。

②摄像机的创建，创建后需设置为广角镜头，镜头数值越小画面透视感越强。设置几何体参数后，需要通过设置摄像机控制图层位置调整构图，如图11-92所示。

③创建灯光后需调节灯光位置达到满意的光影效果。

图11-92

本章小结：

本章主要讲解了外挂插件的安装方法以及插件基础运用技巧。通过实例制作掌握【Form】【Mir】【Particular】滤镜的参数设置。通过本章的学习，主要应了解掌握以下知识要点：

1. 插件的安装正确的目录位置。

2. Trapcode滤镜组常用滤镜的参数设置。

3.【Form】【Mir】【Particular】滤镜的运用技巧。

第 12 章　拓展与综合运用

本章学习要点：

1. 掌握粒子特效制作技巧。

2. 掌握动态流通效果制作技巧。

3. 掌握商业广告后期合成制作技巧。

12.1 倒计时粒子特效

12.1.1 制作路径动画部分

Step1：创建新合成重命名为【数字】，合成大小【1280px×720px】，时间长度为【5秒】。

Step2：选择【文字工具】创建三个【文字图层】，分别输入数字【3】【2】【1】，调整数字大小及字体。然后全选三个【文字图层】，执行【图层】>【变换】>【在图层内容中居中放置锚点】，如图12-1所示。

图12-1

Step3：选择菜单栏【窗口】>【对齐】，显示【对齐】面板。选择【将图层对齐到】为【合成】选项。然后单击【水平居中对齐】，最后单击【垂直居中对齐】使所有文字图层重合并在合成窗口中居中显示，如图12-2所示。

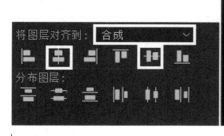

图12-2

Step4：选择【文字图层】依次执行【图层】>【从文本创建到蒙版】，将文字图层转化为路径。删除文字图层，如图12-3所示。

图12-3

Step5：将【1轮廓】图层、【2轮廓】图层隐藏，展开【3轮廓】图层属性。在时间线【1秒】位置激活关键帧，如图12-4所示。

图12-4

Step6：展开【2轮廓】图层属性，选择【蒙版路径】执行【Ctrl+C】复制。选择【3轮廓】图层将时间线移动至【2秒】位置，执行【Ctrl+V】粘贴生成第二个关键帧。最后在【2秒15帧】位置点击【激活关键帧】图标生成第三个关键帧，如图12-5所示。

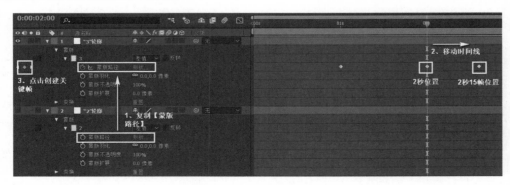

图12-5

12.1.2 制作粒子映射图层部分

Step1：创建新合成重命名为【映射图层】，合成大小【1280px×720px】，时间长度为【5秒】。

Step2：选择【文字工具】创建三个【文字图层】，分别输入数字【3】【2】【1】，调整数字大小及字体。然后全选三个【文字图层】执行【图层】>【变换】>【在图层内容中居中放置锚点】。

Step3：选择菜单栏【窗口】>【对齐】显示【对齐】面板。选择【将图层对齐到】为【合成】选项。然后单击【水平居中对齐】，最后单击【垂直居中对齐】使所有文字图层重合并在合成窗口中居中显示。文字效果，如图12-6所示。

图12-6

Step4：选择全部图层将时间线移动到【0秒】位置，按快捷键【Alt+]】将图层入点转到时间线位置。然后选择【动画】>【关键帧辅助】>【序列图层】，弹出设置窗口单击【确定】，效果如图12-7所示。

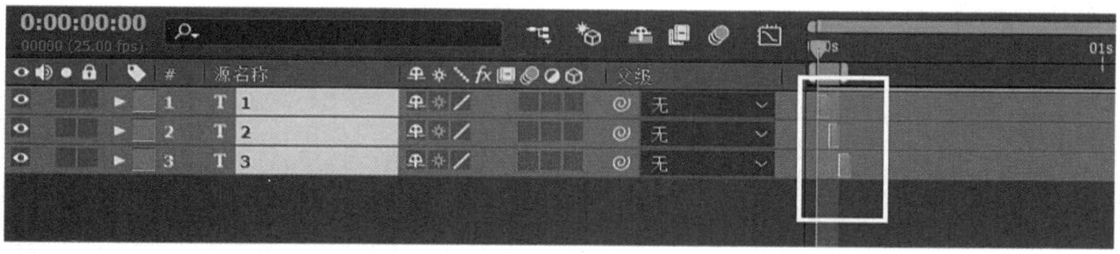

图12-7

Step5：选择全部图层按快捷键【Ctrl+Alt+B】，设置工作区域为选择图层。将鼠标指针移动到工作区游标，单击鼠标右键，选择【将合成修剪至工作区域】，效果如图12-8所示。

图12-8

Step6：在【项目】窗口选择【映射图层】合成，单击鼠标右键选择【合成设置】弹出合成设置窗口，取消【锁定长宽比】设置合成大小为【400px×400px】，单击【确定】，如图12-9所示。

12.1.3 制作Form粒子特效部分

Step1：创建新合成重命名为【Form】，合成大小【1280px×720px】，时间长度为【5秒】。

Step2：在【项目】窗口将【数字】合成、【映射图层】合成拖拽到【Form】合成中，将【数字】合成、【映射图层】合成设置为不可见。然后创建一个【纯色图层】，如图12-10所示。

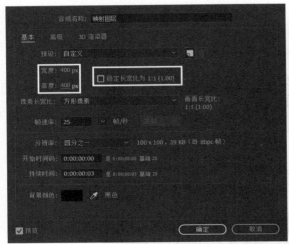

图12-9

图12-10

Step3：选择【纯色图层】执行【Form】粒子滤镜，在【效果控件】面板展开【Base Form】选项设置【Size X/Y/Z】【Particles X/Y/Z】参数。具体参数及效果，如图12-11、图12-12所示。

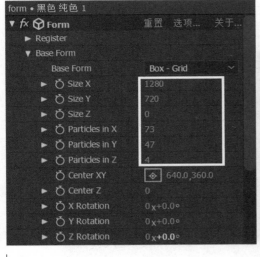

图12-11

图12-12

Step4：展开【Layer Maps】图层映射选项，设置【Layer】为【数字】合成，设置【Functionality】为【A To A】，设置【Map Over】为【X Y】，具体参数如图12-13所示。

图12-13

Step5：展开【Particle】粒子选项，设置【Particle Type】为【Textured Polygon Colorize】，设置【Texture】为【映射图层】合成，设置【Time Sampling】为【Random-Still Frame】。具体参数及效果，如图12-14、图12-15所示。

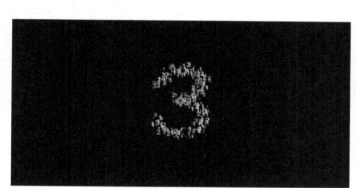

图12-14

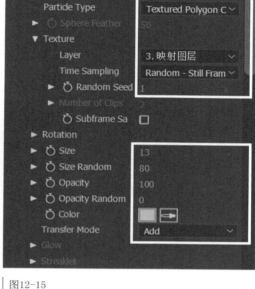

图12-15

Step6：展开【Disperse And Twist】分离与扭曲选项，设置【Disperse】参数。然后展开【Fractal Field】分形场选项，设置【Displace】参数，具体参数如图12-16所示。

Step7：选择【纯色层】重命名为【粒子1】，按【Ctrl+D】复制出一个【粒子1】图层。将其重命名为【粒子2】。选择【效果控件】面板，展开【Layer Maps】选项，设置【Map Over】为【Off】。展开【Disperse And Twist】选择，设置【Disperse】参数为【1200】，【Twist】参数为【7】，如图12-17所示。

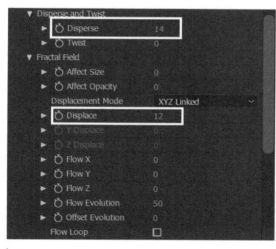

图12-16

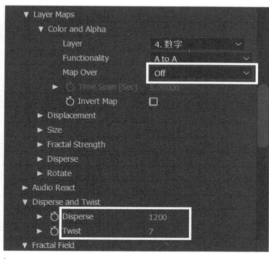

图12-17

Step8：展开【Particle】选项，分别设置【Size】【Opacity】【Color】参数，具体参数如图12-18所示。

Step9：展开【Base Form】选项，设置【Particles In X / Y / X】参数。具体参数及效果，如图12-19、图12-20所示。

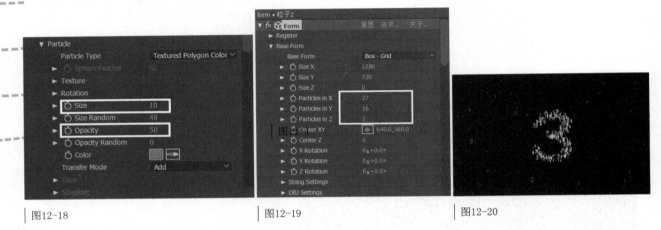

图12-18　　　　　　　　　图12-19　　　　　　　　　图12-20

12.1.4 制作摄像机动画部分

Step1：在【Form】合成中创建一个【摄像机】，设置【预设】为【35mm】。然后创建一个【空对象】图层开启【3D】图层选项。将【摄像机】图层父级关系设置为【空1】，如图12-21所示。

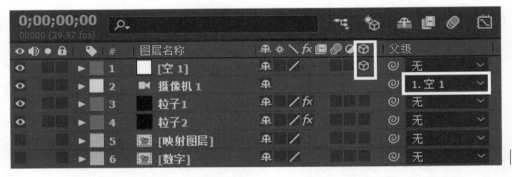

图12-21

Step2：展开【空1】图层属性，在时间【0秒】位置，激活【Y轴旋转】属性【关键帧记录器】，将时间

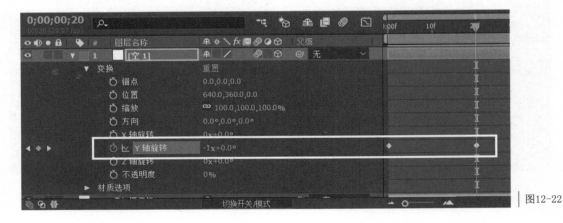

图12-22

线移动到【20帧】位置，设置参数为【1x+0】，如图12-22所示。

Step3：复制【Y轴旋转】属性关键帧，将时间线移动到【2秒】位置，按【Ctrl+V】粘贴关键帧，如图12-23所示。

图12-23

Step4：选择【粒子1】图层在【效果控件】面板选择【Particle】选项，将时间线移动到【0秒】位置，激活【Opacity】属性关键帧记录器数值为【0】。然后将时间线移动到【15帧】数值为【100】，如图12-24所示。

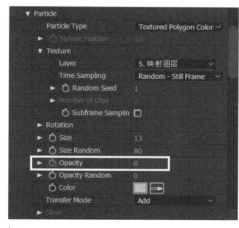

图12-24

12.1.5 制作最终合成部分

Step1：创建一个新的合成重命名为【最终效果】，设置合成大小为【1280px×720px】，时长为【5秒】。

Step2：在【最终合成】下创建一个【纯色图层】重命名为【背景】。执行【梯度渐变】滤镜，分别设置

图12-25

图12-26

【起始颜色】【结束颜色】【渐变形状】参数。具体参数及效果，如图12-25、图12-26所示。

　　Step3：将【Form】合成拖拽到【最终效果】合成中，选择【Form】合成执行【发光】滤镜，分别设置【阈值】【发光半径】【发光强度】参数，具体参数如图12-27所示。

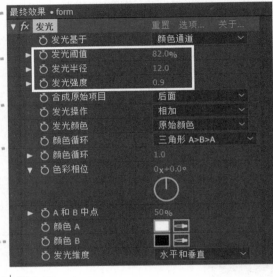

图12-27

图12-28

　　Step4：选择【Form】图层，展开图层属性，设置【缩放】属性为【128，128%】。然后选择【Form】合成，按【Ctrl+D】复制出一层，重命名为【倒影】展开图层属性，取消【缩放】属性【约束宽高比】选项，设置缩放属性为【128，–128%】，如图12-28所示。

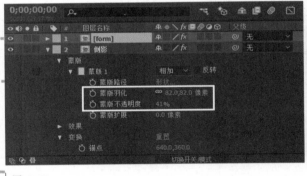

图12-29

图12-30

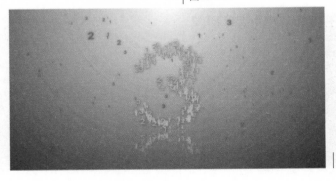

图12-31

Step5：选择【倒影】图层，使用【矩形工具】创建一个遮罩，设置【蒙版不透明度】为【41%】，设置【蒙版羽化】为【82px，82px】，具体参数及效果，如图12-29、图12-30所示。

Step6：预览最终效果，输出动画，最终效果如图12-31所示。

实例解析：

本实例主要讲解利用路径动画制作倒计时效果，然后通过【Form】粒子滤镜制作数字粒子效果，最后通过【梯度渐变】【遮罩】完成背景及倒影效果。本实例制作难点如下：

①通过路径动画创建倒计时动画效果，需要将【蒙版路径】复制到同一形状图层【蒙版路径】中，并且保持各蒙版锚点为图层中心点。

②【对齐】面板参数的运用。

③创建【Form】粒子映射图层时，【映射图层】合成大小不宜设置过大已增加运算量。在映射图层中，各图层需设置成序列图层并将工作区设置为转化为所选图层。然后执行工作区裁切命令不能留有空白帧。

④通过【空对象】设置摄像机动画。

12.2 动态流体效果

12.2.1 制作纹理映射部分

Step1：打开配套素材【第12章实例>12.2文件夹>素材】导入，创建新合成重命名为【纹理映射】，合成大小【1280px×720px】，时间长度为【5秒】。

Step2：将【纹路】素材拖拽到【时间线】窗口，如图12-32所示。

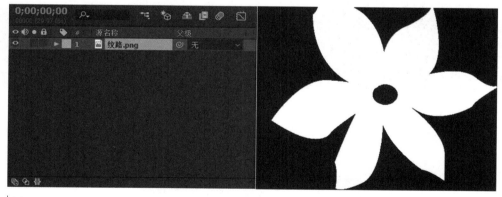

图12-32

12.2.2　制作主体效果部分

Step1：创建新合成重命名为【流体效果】，合成大小【1280px×720px】，时间长度为【05秒】。

Step2：创建一个【纯色】图层，重命名为【主体】，执行【Mir】流体滤镜，如图12-33所示。

Step3：选择【效果控件】面板，选择【Mir】滤镜展开【Geometry】选项，分别调节【SizeX/Y】【Vertices X/Y】参数，具体参数如图12-34所示。

Step4：将【纹理映射】合成拖拽到【流体效果】合成中将其设置为不可见。选择【主体】图层在【效

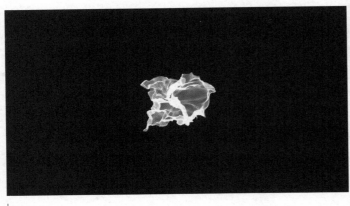

图12-33

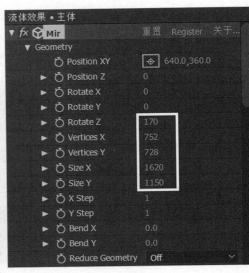

图12-34

果控件】面板展开【Texture】选项，设置【Texture Layer】为【纹理映射】。参数及效果如图12-35、图12-36所示。

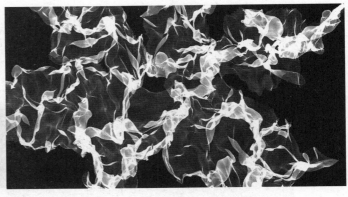

图12-36

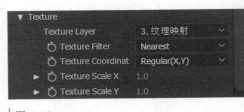

图12-35

Step5：展开【Fractal】选项，设置【Amplitude】参数为【90】。设置【Frequency】参数为【480】，参数如图12-37所示。

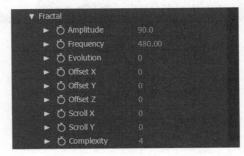

图12-37

Step6：展开【Geometry】选项，设置【Rotatex】为【90】，效果如图12-38所示。

Step7：在【流体效果】合成中创建一个【摄像机】图层，选择【摄像机工具】调整【主体】图层在合成中的位置，效果如图12-39所示。

图12-38

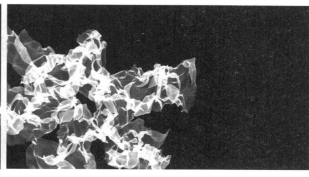

图12-39

12.2.3 制作背景部分

Step1：创建一个合成大小、时长与【流体效果】一致。重命名为【纹理映射1】。在合成下创建一个【纯色】图层，执行【梯度渐变】。具体参数及效果，如图12-40所示。

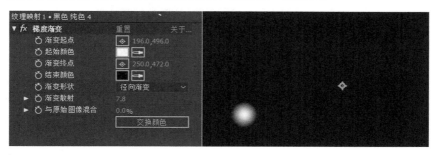

图12-40

Step2：将【纹理映射1】拖拽到【流体效果】合成。选择【主体】图层按【Ctrl+D】复制一层重命名为【主体1】，选择【效果控件】面板展开【Texture】选项，设置【Texture Layer】为【纹理映射1】。展开【Fractal】选项，分别设置【Amplitude】【Frequency】参数。激活【独奏】模式观察效果。参数及效果如图12-41、图12-42所示。

图12-41

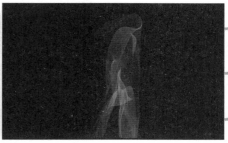

图12-42

Step3：将【纹理映射1】图层按【Ctrl+D】复制一层重命名为【纹理映射2】。然后选择【主体】图层按【Ctrl+D】复制一层重命名为【主体2】，选择【效果控件】面板展开【Texture】选项，设置【Texture Layer】为【纹理映射2】。展开【Fractal】选项，分别设置【Amplitude】【Frequency】参数。激活【独奏】模式观察效果。参数及效果如图12-43、图12-44所示。

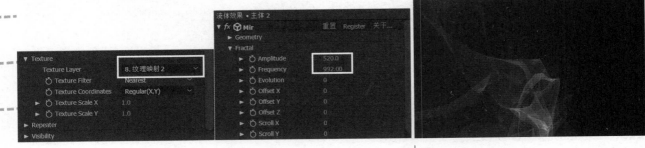

图12-43　　　　　　　　　　　　　　　　　　　　　　　　　　　　　图12-44

Step4：取消【主体2】独奏，选择【主体】选择【效果控件】面板。展开【Material】选项设置【Opacity】参数为【58】。主体效果如图12-45所示。

图12-45

12.2.4 添加光效部分

Step1：在【流体效果】合成下创建一个【纯色】层重命名为【光效】，执行【Optical Flares】镜头光晕外挂滤镜。单击【Options】弹出设置选项，如图12-46所示。

图12-46

Step2：点击【Clear All】清除全部效果，然后选择【Custom】自定义选项。选择【Soft Light Lris】效果。最后点击【OK】完成镜头光晕插件设置，如图12-47所示。

图12-47

Step3：调整发光点位置，分别设置【Brightsness】【Scale】参数。具体参数及效果如图12-48、图12-49所示。

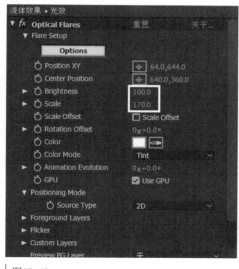

图12-48

图12-49

Step4：将【光效】图层复制一层重命名为【光效1】，调整发光点位置。分别设置【Brightsness】

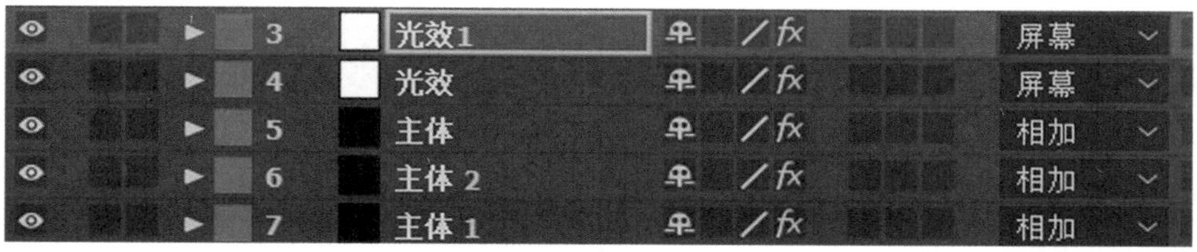

图12-50

图12-51

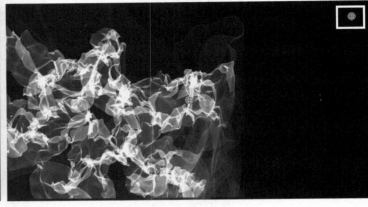

图12-52

【Scale】参数。具体参数及效果如图12-50至图12-52所示。

　　Step5：整体效果及图层模式如图12-53、图12-54所示。

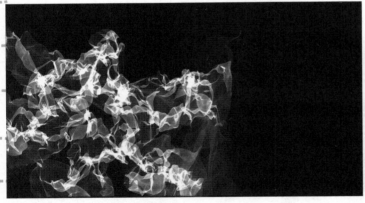

图12-53

图12-54

12.2.5 制作动态效果部分

　　Step1：选择【主体】图层，在【效果控件】面板展开【Fractal】选项，分别激活【Amplitude X/Y/Z】关键帧记录器，在时间线【0秒】位置【X/Y/Z】设置数值分别为【38，139，273】。参数如图12-55所示。

　　Step2：选择【主体1】图层，在【效果控件】面板展开【Fractal】选项，分别激活【Amplitude X/Y/Z】关键帧记录器，在时间线【0秒】位置【X/Y/Z】设置数值分别为【165，131，317】。参数如图12-56所示。

　　Step3：选择【主体2】图层，在【效果控件】面板展开【Fractal】选项，分别激活【Amplitude X/Y/Z】关键帧记录器，在时间线【0秒】位置【X/Y/Z】设置数值分别为【188，165，151】。参数如图12-57所示。

　　Step4：创建一个【纯色】图层重命名为【粒子】，执行【Particular】滤镜。展开【Emitter】选项，分别设置【Emitter Type】【Emitter Size X/Y/Z】参数。具体参数如图12-58所示。

Step5：展开【Particle】选项分别设置【Size】【Opacity Random】参数。具体参数如图12-59所示。

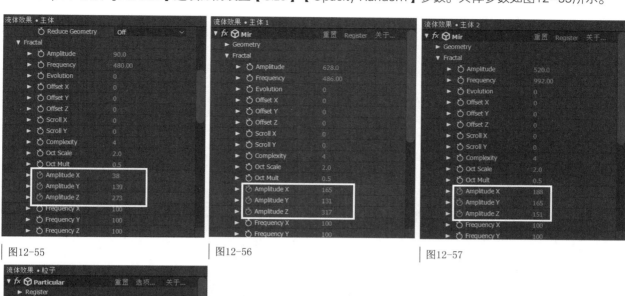

图12-55　　　　　　　　　　图12-56　　　　　　　　　　图12-57

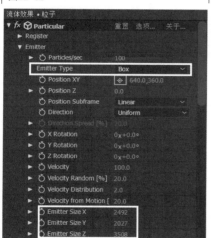

图12-58

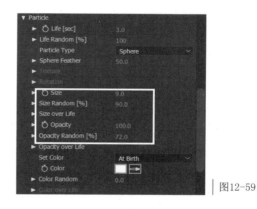

图12-59

Step6：展开【Rendering】选项，设置【Motion Blur】属性参数。具体参数及整体效果如图12-60、图12-61所示。

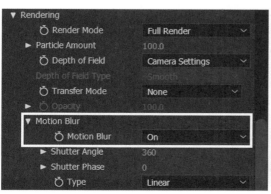

图12-60

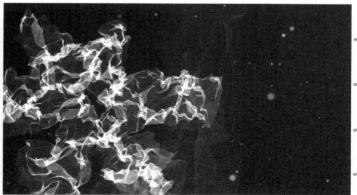

图12-61

12.2.6 制作最终合成

Step1：在【项目】窗口选择【流体效果】合成，将【流体效果】拖拽到【合成】按钮上，创建一个嵌套合成重命名为【最终效果】。

Step2：在【最终效果】合成下选择【流体效果】执行【三色调】滤镜。分别设置【高光】【中间调】【阴影】颜色，如图12-62所示。

Step3：创建一个【文字图层】输入【Adobe After Effects CC】文字，设置【字体】【颜色】【字体大小】参数。具体参数如图12-63所示。

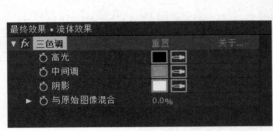

图12-62

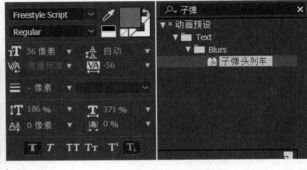

图12-63

Step4：选择【文字图层】【效果和预设】面板，在搜索栏输入【子弹头列车】，双击鼠标左键为【文字图层】添加【子弹头列车】动画，如图12-63所示。

Step5：预览效果，输出动画。最终效果如图12-64所示。

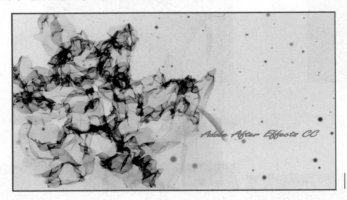

图12-64

实例解析：

本实例主要讲解利用【Mir】滤镜和【Particular】滤镜制作动态流体效果，然后添加【三色调】滤镜调节画面颜色效果，最后添加文字动画，完成动画制作。本实例制作难点如下：

①利用【映射图层】渐变效果及纹理图片来控制【主体】图层形态效果，需要通过多次调节来达到预期效果。

②利用【Mir】滤镜和【Particular】滤镜制作动态效果，需注意相关参数关键帧的调节。

③注意实例中各个图层的叠加模式。

12.3 商业广告实例制作

12.3.1 制作分镜头1特效

Step1：选择【项目】窗口，导入序列输出【12章实例>12.3文件夹>素材>镜头1、背景1、动态背景、产品图片素材】，勾选【PNG】序列。将【镜头1】【背景1】【动态背景】【产品图片】拖拽到合成 按钮。重命名为【镜头1】合成背景色为【白色】。图层顺序如图12-65所示。

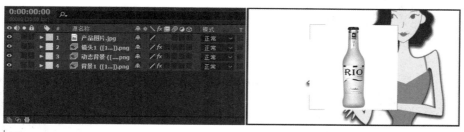

图12-65

Step2：创建一个【纯色图层】颜色为【粉红】，将【纯色】图层移动至【产品图片】和【镜头1】之间。选择【钢笔工具】勾画出【产品图片】外形路径。勾画完成后勾选【反转】，设置【羽化】值为【21】，隐藏【产品图片】图层。具体参数及效果如图12-66所示。

图12-66

Step3：选择【蒙版1】激活【蒙版路径】关键帧记录器，在【0秒】位置按【Ctrl+T】执行变换属性，将鼠标移动至控制点然后按住【Ctrl+Shift】的同时按住鼠标左键缩小路径。在【2秒12帧】位置执行相同操作放大路径，如图12-67所示。

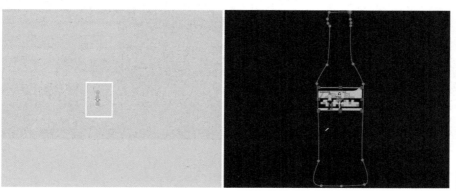

图12-67

Step4：选择【镜头1】图层分别执行【投影】滤镜、【发光】滤镜。具体参数及效果，如图12-68、图12-69所示。

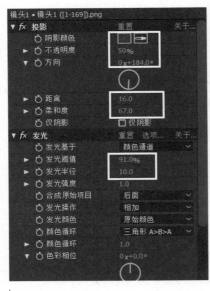

图12-69

图12-68

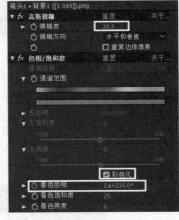

图12-70

Step5：选择【背景1】图层分别执行【高斯模糊】【色相/饱和度】滤镜。选择【色相/饱和度】滤镜勾选【色彩化】，激活【着色色相】关键帧记录器。在【0秒】位置设置为【0x+0】，在【5秒18帧】位置设置为【8x+0】。具体参数如图12-70所示。

Step6：选择【动态背景】图层分别执行【发光】滤镜、【高斯模糊】滤镜。将【动态背景】图层入场位置移动到【1秒06帧】。具体参数及图层关系，如图12-71、图12-72所示。

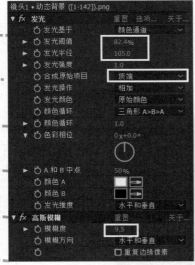

图12-71

图12-72

12.3.2 制作分镜头2特效

Step1：选择【项目】窗口，导入序列输出【12章实例>12.3文件夹>素材>镜头2、背景2】，勾选【PNG】序列。将【镜头2】【背景2】拖拽到合成  按钮。重命名为【镜头2】合成背景色为【白色】。图层顺序如图12-73所示。

图12-73

Step2：在【项目】窗口双击【镜头1】进行合成。选择【镜头1】图层点击【效果控件】面板，按住【Ctrl】加选【投影】【发光】滤镜，执行【Ctrl+C】复制滤镜。然后进入【镜头2】合成，选择【镜头2】图层执行【Ctrl+V】粘贴滤镜效果。

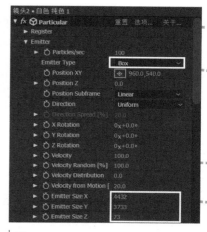

图12-74

Step3：在【项目】窗口双击【镜头1】进行合成。选择【背景1】图层点击【效果控件】面板，选择【高速模糊】滤镜，执行【Ctrl+C】复制滤镜。然后进入【镜头2】合成，选择【背景2】图层执行【Ctrl+V】粘贴滤镜效果。

Step4：在【镜头2】合成下创建一个【纯色】图层，执行【particular】粒子滤镜。在【效果控件】面板展开【Emitter】选项，设置【Emitter Type】为【Box】；设置【Emitter Size X/Y/Z】参数，如图12-74所示。

Step5：展开【Particle】选项，分别设置【Size】【Size Random】【Opacity】【Opacity Random】【Color】【Color Random】参数。具体参数及效果，如图12-75、图12-76所示。

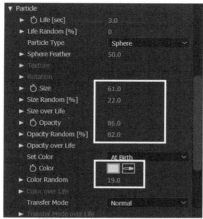

图12-75

图12-76

12.3.3 制作分镜头3特效

Step1：选择【项目】窗口，导入序列输出【12章实例>12.3文件夹>素材>镜头3、背景3】，勾选【PNG】序列。将【镜头3】【背景3】拖拽到合成 🎞 按钮。重命名为【镜头3】合成背景色为【白色】。

Step2：在【项目】窗口双击【镜头1】进行合成。选择【镜头1】图层点击【效果控件】面板，按住【Ctrl】键加选【投影】【发光】滤镜，执行【Ctrl+C】复制滤镜。然后进入【镜头3】合成，选择【镜头3】图层执行【Ctrl+V】粘贴滤镜效果。

Step3：在【项目】窗口双击【镜头1】进行合成。选择【背景1】图层点击【效果控件】面板，选择【高速模糊】滤镜，执行【Ctrl+C】复制滤镜。然后进入【镜头3】合成，选择【背景3】图层执行【Ctrl+V】粘贴滤镜效果。

Step4：选择【背景3】执行【曲线】调节将背景调暗，如图12-77所示。

Step5：为【背景3】添加【颜色平衡】滤镜，激活相关参数关键记录器在【0秒】位置数值为【0.0】，在【11帧】位置。参数及效果如图12-78、图12-79所示。

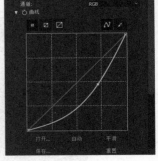

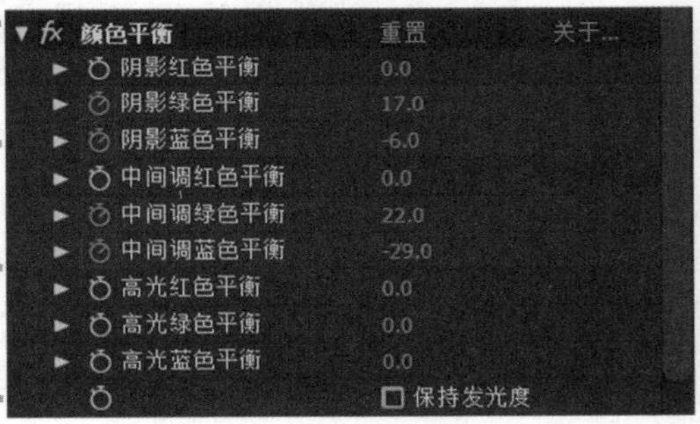

图12-77

图12-78

图12-79

12.3.4 制作分镜头4特效

Step1：选择【项目】窗口，导入序列输出【12章实例>12.3文件夹>素材>镜头4】，勾选【PNG】序列。将【镜头4】拖拽到合成 🎞 按钮。重命名为【镜头4】合成背景色为【白色】。

Step2：为【镜头4】添加【发光特效】激活【发光阈值】关键帧记录器，在【1秒】位置数值为【77%】；在【3秒20帧】位置为【41%】。然后激活【发光半径】关键帧记录器，在【4秒04帧】位置数值为【86.0】；在【4秒26帧】位置数字为【0.0】，如图12-80所示。

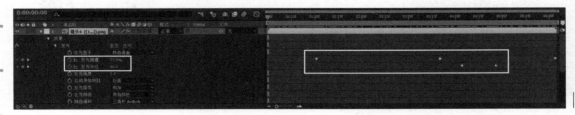

图12-80

12.3.5 最终效果渲染输出

Step1：在【项目】窗口依次加选【镜头1】合成、【镜头2】合成、【镜头3】合成、【镜头4】合成拖拽到合成 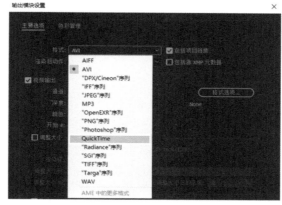 按钮进行【嵌套合成】弹出设置窗口，设置【创建】选项为【单一合成】。勾选【序列图层】选项，单击【确定】。最后重命名为【最终】图层嵌套关系，如图12-81、图12-82所示。

图12-81

图12-83

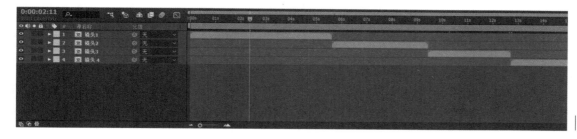

图12-82

Step2：创建一个【纯黑色】图层，选择【圆角矩形工具】创建一个【遮罩】，设置【羽化】值为【160】勾选【反转】，效果如图12-83所示。

Step3：选择【最终】合成，执行【合成】>【预渲染】。在【渲染队列】点击【输出模块】，弹出设置窗口【格式】，选择【Quick Time】，单击【确定】。最后在【渲染队列】窗口单击【渲染】输出动画，如图12-84、图12-85所示。

图12-84

图12-85

实例解析：

本实例主要讲解【发光】【路径动画】【粒子】滤镜在商业广告案例中的综合运用以及通过【色彩平衡】【曲线】滤镜进行色彩校正。最后通过对镜头进行【嵌套】渲染输出动画。本实例制作难点如下：

①通过调整【路径】形状制作片头入场动画时需按住【Ctrl+Shift】键沿心中点进行缩放操作。

②通过对【色彩平衡】设置关键帧制作变调动画需仔细调节关键帧位置。

③利用【Particular】粒子滤镜制作气泡动态效果需注意相关参数的设置。

④【嵌套】合成渲染输出动画时参数设置。

本章小结：

本章主要讲解了【Form】【Mir】【Particular】外挂插件滤镜的拓展应用以及商业广告案例制作中综合运用技巧。通过本章学习，主要应了解掌握以下知识要点：

1.【Form】滤镜、【Mir】滤镜的拓展应用。

2.【Particular】滤镜各参数的调节技巧。

3. 后期合成渲染输出动画。